重庆市柑橘、脆李、荔枝龙眼三大水果
优质高效生产技术丛书

巫山脆李
优质高效生产技术

重庆市农业农村委员会 重庆市特色水果产业技术体系 著

重庆出版集团 重庆出版社

图书在版编目(CIP)数据

巫山脆李优质高效生产技术 / 重庆市农业农村委员会，重庆市特色水果产业技术体系著. —重庆: 重庆出版社，2019.2(2021.12重印)
ISBN 978-7-229-12458-8

Ⅰ. ①巫…　Ⅱ. ①重…　②重…　Ⅲ. ①李—果树园艺　Ⅳ. ①S662.3

中国版本图书馆CIP数据核字(2019)第026776号

巫山脆李优质高效生产技术

WUSHAN CUILI YOUZHI GAOXIAO SHENGCHAN JISHU

重庆市农业农村委员会
重庆市特色水果产业技术体系　著

责任编辑：林　郁
责任校对：刘小燕
装帧设计：刘　倩

重庆出版集团
重庆出版社　出版

重庆市南岸区南滨路162号1幢　邮政编码：400061　http://www.cqph.com
重庆出版社艺术设计有限公司制版
重庆天旭印务有限责任公司印刷
重庆出版集团图书发行有限公司发行
E-MAIL:fxchu@cqph.com　邮购电话：023-61520646
全国新华书店经销

开本：889mm×1194mm　1/32　印张：4.375　字数：80千
2019年2月第1版　2021年12月第3次印刷
ISBN 978-7-229-12458-8
定价：19.00元

如有印装质量问题，请向本集团图书发行有限公司调换：023-61520678

《重庆市柑橘、脆李、荔枝龙眼三大水果优质高效生产技术》丛书编委会

《巫山脆李优质高效生产技术》编写组

主　编：熊　伟　黄　明（女）

副主编：寇琳羚　杨灿芳　向　芳　何才智

编写人员：（按姓氏笔画排序）

孔文斌　付世军　江学术　白　娟

刘文华　成映云　吴正亮　李　玲

李相进　李　伟　张　勋　周贤文

林春来　罗青贻　姜志恒　唐　君

唐伟生　黄涛江　黄启光　曹学军

谭仁凤

总　序

《重庆市柑橘、脆李、荔枝龙眼三大水果优质高效生产技术》丛书是专门为重庆地区发展柑橘、脆李、荔枝龙眼三大水果产业编写的特色水果生产技术丛书，包括《奉节脐橙优质高效生产技术》《巫山脆李优质高效生产技术》《荔枝龙眼优质高效生产技术》《柠檬优质高效生产技术》和《晚熟柑橘》五本。

重庆是世界柑橘、中国李的发源地之一，荔枝的历史栽培区。据《华阳国志》卷一《巴志》记载，公元前 11 世纪，因“巴师勇锐”有功，周武王封姬姓宗族于今鄂西川东地区，建号巴国，赐子爵，建都于重庆。“其地东至鱼复（今奉节），西至僰道（今宜宾），北接汉中，南极黔（今贵州）涪（今涪陵）。”“其果实之珍者，树有荔支（荔枝），蔓有辛蒟，园有芳蒻、香茗，给客橙

（柑橘）、葵。”这说明3000多年前，巴国（今重庆）种植荔枝、柑橘已有相当规模，并成为当时宫廷的贡品。刘琳《华阳国志校注》记载“鱼复县有橘官，至唐代，夔州柑橘列为贡品”，证实奉节设有橘官，柑橘品质优异，被列为贡品。《汉书·地理志》记载“巴郡有橘官”，说明汉唐时代重庆柑橘在全国就有着举足轻重的地位。

据记载，大唐开元年间，唐玄宗李隆基新娶生于忠州（今忠县）的杨玉环为贵妃，为取悦喜食新鲜荔枝的宠妃，下令修建栈道，以八百里加急的速度，将产自“涪州（今涪陵）之西，去城十五里”的新鲜荔枝快马加鞭送往长安，博得妃子一笑。唐代杜牧的“一骑红尘妃子笑，无人知是荔枝来”，更是将巴国所产贡品荔枝推向极致。苏轼《荔枝叹》：“永元荔支来交州，天宝岁贡取之涪。”证实了杨贵妃所食荔枝来自涪州。涪陵的贵妃荔枝特供地点因此取名“妃子园”，迄今已有1300多年历史。

中国李也起源于长江流域，是我国栽培历史

最为悠久、分布最为广泛的果树之一。北魏《齐民要术》记载的李子品种和栽培技术中的青李，就是重庆和四川、贵州一带的青脆李，已有上千年历史。

重庆柑橘、脆李、荔枝龙眼三大水果栽种历史悠久，蕴藏着丰富的文化内涵，迄今依然稳居重庆地区特色农业之首，堪称“千年摇钱树”。2018 年 3 月 10 日全国两会期间，习近平总书记参加重庆代表团审议，听取重庆市巫山县委书记李春奎、涪陵区南沱镇睦和村党支部书记刘家奇等汇报时，殷殷关切询问柑橘、脆李、荔枝龙眼三大水果的生产情况。重庆市委、市政府对此十分重视，为深入落实习近平总书记对重庆提出的“两点”定位、“两地”“两高”目标和“四个扎实”要求，高质量推进重庆地区扶贫攻坚和长江经济带绿色发展，筑牢长江上游重要生态屏障，召开了促进三大水果产业发展专题会议，印发了重庆市《关于加快脆李、脐橙、荔枝龙眼三大水果产业发展的会议纪要》（专题会议纪要 2018-

30)，提出要牢固树立标准化、品牌化、科技化、市场化理念，着力在品种、品质、品牌上下功夫，加强品牌宣传和培育，将产品与当地人文地理、旅游资源等有机结合，赋予产品更多文化内涵、生态康养要素，讲好品牌故事，通过现场推介、媒体宣传、展览展示等方式打造区域公用品牌，促进产品销售，推动特色高效农业发展和乡村振兴。

重庆市农业农村委员会狠抓落实，制定了《脆李、脐橙、龙眼荔枝三大水果产业发展方案》，组织重庆市特色水果产业技术体系以及依托单位重庆市农业技术推广总站专家，总结凝练历年研究成果，发布了《奉节脐橙优质高效生产技术方案》《巫山脆李优质高效生产技术方案》《重庆市龙眼优质高效生产技术方案》和《重庆市荔枝优质高效生产技术方案》。为方便广大农民群众掌握和用好三大水果优质高效生产技术，促进创新驱动发展，相关单位决定联合出版《重庆市柑橘、脆李、荔枝龙眼三大水果优质高效生产技术》丛书，并成立了由重庆市农业农村委员会分管领导任组长的丛书编委会和重庆市特色水果产业技术体系负责人任组长的丛书编写组。

《重庆市柑橘、脆李、荔枝龙眼三大水果优质高效生产技术》丛书各册分“优质高效生产技术”和“生产实作 50 问”两大部分（仅荔枝龙眼分册无“生产实作 50 问”），主要针对柑橘、脆李和荔枝龙眼等特定树种品种，内容相对独立，可以单独使用，均为近十年重庆市特色水果产业技术体系团队专家自主研发和集成创新成果的结晶，其中，三项核心技术被农业农村部定为全国农业主推技术，一项成果获国家科技进步奖二等奖，长江柑橘带建设、晚熟柑橘保果防落防枯水综合技术等六项成果分获农业农村部和重庆市科学技术奖一等奖，在全国具有领先性。

为方便广大技术人员和农民群众阅读，本丛书采用较大字号印刷，图文并茂。普通读者仅需阅读“优质高效生产技术”一章，即可基本掌握生产技术，需要进一步了解发展品种和技术原理与方法的读者，可参考“生产实作 50 问”。本丛书适用于柑橘、脆李、荔枝龙眼三大水果的生产管理人员和广大果农，也可作为农村高职教育和新型职业农民教育的辅助教材、高等学校果树及相关专业师生参考资料。由于水平有限，疏漏和不妥之处在所难免，恳请专家和读者不吝指正。

熊　伟

2018 年 12 月

目　录

○第一章○

巫山脆李优质高效生产技术

一、主栽品种与适宜区域

（一）巫山脆李概念

巫山脆李是指产于重庆三峡库区巫山、巫溪、奉节、云阳、开州、万州等区县海拔 180 米 ~ 1000 米区域，经重庆市农作物品种审定委员会鉴定的青脆李系列品种，符合《地理标志农产品　巫山脆李》质量标准要求，平均单果重 35 克左右，果实青、脆、离核，酸甜适度。重庆三峡库区栽培的青脆李具有优质丰产，抗性及适应性较强，易生产管理等特点。

（二）主要栽培品种

巫山脆李主要栽培品种为三峡库区原生青脆李资源中选育的地方李良种。

（三）种植环境

1. 气候

年平均日照1460小时～1640小时，降水量1057毫米～1243毫米，年均温17.6℃～18.7℃的高温高湿区域（具体见表1-1）。

表1-1 巫山脆李适宜区域主要气候条件

区县	年均光照(时)	降水(毫米)	年均温(℃)
巫山	1571	1057	18.5
巫溪	1589	1090	17.6
奉节	1639	1132	18.4
云阳	1497	1166	18.7
开州	1463	1227	18.5
万州	1484	1243	17.7

2. 土壤

pH值6.0～7.5，土层深厚0.8米左右，活土层在0.5米以上，地下水位1米以下的黄壤土、紫色土等，均适宜种植。

二、新建标准园

（一）园地选择

要求开阔向阳，水利交通条件好，有机质含量 1% 以上，土壤质地疏松肥沃，土层深厚，透气性好的园地。土壤不符合条件的果园应进行改良。

（二）苗木要求

1. 苗木要求

用毛桃、李或李的根蘖苗作砧木，以三峡库区原生青脆李资源中选育的地方李良种枝条作接穗繁育的苗木。

2. 质量标准

苗高 0.8 米 ~ 1 米，地茎粗度 0.8 厘米，生长健壮，根系完整，嫁接口愈合良好，无检疫性病虫害。

（三）苗木栽植

1. 栽植时期

秋植与春植，栽后定干，定干高度 0.6 米左右。

2. 栽植密度

株行距 3 米 × 5 米，一般亩[①]栽 40 株 ~ 50 株。

3. 授粉树

可根据品种需要适当配置授粉树，授粉树应与主栽品种花期相同，花粉亲和力强。

4. 定植穴改土

4.1 挖定植穴

定植穴以 0.8 米 × 0.8 米 × 0.8 米为宜，定植穴内施入优质有机肥≥10 公斤。

4.2 定植方法

栽苗时要将根系舒展开，苗木扶正，栽植深度以嫁接口高出地面，根颈与地面相平为宜，填土时向上提苗、踏实，使根系与土充分密接，栽

① 1 亩约等于 0.0667 公顷。

植后即浇水封掩。

三、土肥水管理

（一）土壤管理

1. 深翻扩穴

每年秋季果实采收后结合秋施基肥深翻，深度 20 厘米 ~ 40 厘米。

2. 中耕

果园生长季节降雨或灌水后，及时中耕松土，中耕深度 5 厘米 ~ 10 厘米。

（二）施肥管理

1. 施肥次数及时间

1 年 ~ 2 年幼树在 3 月至 7 月，每月 1 次。成年树全年施肥 3 次。萌芽促花肥，2 月中下旬至 3 月初；壮果肥，5 月至 6 月；秋季基肥，时间在 9 月。每次施用量：萌芽促花肥，占全年的 20%，壮果肥占20%，秋季基肥占60%，秋季基肥可与有机肥混合使用。

2. 施肥量

全年亩施化肥（氮、磷、钾）施用量控制在30公斤（纯量）左右。推荐配方肥为：硫酸钾型有机无机复混肥，有机质≥20%，氮、磷、钾22%，比例为10∶4∶8，每株全年用量3公斤左右，亩产超过2吨的，可适当增加施肥量10%~15%，低产和大量使用有机肥的果园应相应减少化肥施用量。

3. 施肥方法

化肥和有机肥以沟施为主，施肥部位在树冠株间中部滴水线下；施肥方法主要以环状沟为主，沟深20厘米左右。微量元素肥，以采果后叶面喷施为主，主要补充0.2%的硫酸镁、硫酸锌、硼砂等微量元素肥料。流胶病较重的缺铜果园，应补充1次0.08%的硫酸铜或用等量式波尔多液防控；流胶严重的锰过量果园，应控锰，禁用代森锰锌等含锰药剂，适量使用石灰氮，冬季用石硫合剂清园。

4. 有机肥替代化肥

有机肥替换化肥主要有四种模式：

4.1 商品有机肥替代。主要是养殖粪便和秸秆橘渣等农业废弃物腐熟发酵生产的有机肥或有机无机复合（混）肥料。商品有机肥应符合《有机肥料》（NY 525）的规定，有机无机复混肥料应符合《有机—无机复混肥料》（GB 18877）的规定。

4.2 自制有机肥替代。主要利用养殖粪便、秸秆等农业废弃物堆沤腐熟的有机肥，或利用整形修剪的废弃枝条，就地粉碎还田，用作树盘株间覆盖物，用以保墒和提高土壤有机质。

4.3 农用沼液替代。主要以畜禽粪污、农作物秸秆等有机废弃物为主要原料，利用厌氧发酵工程处理产生的农用沼液对农作物进行施肥和灌水，农用沼液的质量应符合《农用沼液》质量要求，未达标不得用于农业生产，向环境排放的沼液应符合《畜禽养殖业污染物排放标准》（GB 18596）

的规定。

4.4 生草栽培替代。利用果树株行间空闲土地，选留适宜的矮干浅根原生杂草或种植白三叶草、黑麦草等低矮牧草，完全覆盖土地，增加土壤有机质，抑制恶性杂草，生产草饲料和替代化肥。采用生草栽培管理的果园，禁用除草剂。

（三）水分管理

1. 灌水

早春萌芽前灌 1 次水，6 月果实膨大期如遇 7 天以上连续干旱应灌 1 次水，采果后遭遇连续伏旱应灌 1 次水，灌溉以手持皮管浇灌为主。

2. 排水

李园应设置排水系统，在多雨季节通过沟渠及时排水。

四、整形修剪

（一）整形

以自然开心形为主。树高 2 米～3 米，定干高度 0.6 米左右，无中心主导干，全株留 3 个～4 个主枝，均匀分布，拉枝开角 40 度～60 度，每个主枝左右排列 3 个～4 个侧枝，在侧枝上配备适量结果枝组。

（二）修剪

1. 幼树期的修剪

以整形为主，尽快扩大树冠，培养牢固的骨架；对骨干枝、延长枝适度短截，对非骨干枝轻剪长放，提早结果，逐渐培养各类结果枝组。夏季修剪，主要采用摘心、拉枝等轻剪措施，严禁短截大枝或中心干，防流胶偏重发生。

2. 盛果期的修剪

前期保持树势平衡，中期要抑前促后，回缩

更新，培养新的枝组，防止早衰和结果部位外移。结果枝要不断更新，采取“强枝少截，弱枝多截”的办法。

3. 衰老期的修剪

采用回缩更新复壮的方法，促生壮旺枝，重短截生长枝，重新培养骨干枝和结果枝，延长结果期。

五、主要病虫害防治

（一）主要病害

1. 李树红点病

1.1 症状

主要为害叶片，叶片染病后，初期叶面产生橙黄色，边缘有清晰的圆形病斑。

1.2 防治方法

冬季要及时剪除越冬病枝，清扫果园，除去病叶和枯枝，萌芽前喷波美 3 度 ~ 5 度石硫合剂控制越冬病原；展叶后喷波美 0.3 度 ~ 0.5 度石硫合剂或等量式波尔多液，即 1∶1∶100 波尔多液。病害常年发生果园，应随后喷 20% 噻唑锌悬浮剂（碧生）400 倍 ~ 600 倍液加正生（喹啉铜·戊唑醇）或爱可（烯肟菌胺·戊唑醇）等高效低毒药剂 2 次 ~ 3 次，交替使用，间隔期 10 天 ~ 15 天。

2. 细菌性穿孔病

2.1 症状

被害枝梢以皮孔为中心，生水浸状斑，渐凹陷，最后成黑色溃疡状。

2.2 防治方法

防治方法同“1.2”。

3. 李袋果病

3.1 症状

该病全年只发生一次。病果畸形，中空如囊，初呈圆形或袋状，后渐变狭长略弯曲，病果平滑，浅黄至红色，皱缩后变成灰色至暗褐色或黑色而脱落；枝梢呈灰色，略膨胀，组织松软；叶片在展叶期开始变成黄色或红色，叶片皱缩不平，似桃缩叶病。

3.2 防治方法

预防为主，冬季清园可用石硫合剂、波尔多液、国光辛菌胺等药剂清园，有效减轻第二年病害发生率。药物防治的关键时期是芽鳞片刚松动时，早春李芽膨大而未展叶时，喷施 20% 嘧菌酯+12.5% 苯醚甲环唑悬浮剂 1500 倍进行防治。间隔 10 天 ~ 15 天喷雾一次，连续 2 次 ~ 3 次。

4. 李褐腐病

4.1 症状

褐腐病多发在果实上，发病时间在果实近成熟期。病害最初为褐色圆形病斑，病部果肉腐烂变褐，病害扩展迅速，一周内即可扩及全果，重庆地区果实快成熟时的高温高湿气候，更易加快果实的腐烂。观察感病果实可发现，以病斑为中心出现一圈粒状灰褐色霉层，并排列成同心轮纹状，少数病果落地，但大部分病果干缩后悬挂在枝条上。

4.2 防治方法

重点推广中晚熟品种或在 500 米以上高海拔

区域种植，果实成熟期避开5月下旬至7月上旬梅雨季，避害控病。果实近成熟时，及时检查，发现病果要及时摘除，烧毁或深埋；果实采收前20天～30天喷50%腐霉利可湿性粉剂2000倍液、70%甲基硫菌灵可湿性粉剂1000倍液等，可以较好地防止果实腐烂；秋季果实采收后要全面清理果园，把树上树下的僵果、病残枝彻底清理干净，集中烧毁。建议选用高效低毒药剂交替使用。

5. 生理裂果和落果

5.1 症状

李树裂果主要发生在果实第2次膨大期和果实成熟期，通常集中在成熟前的20天～30天发生，裂果果实往往提前脱落或感病发生腐烂，传染其他健康果实。落果主要有两次：第一次发生在谢花后，如果发生营养失衡，特别是缺硼、缺锌严重的果园，第一次生理落果较为严重；第二次发生在采收前，果园遭遇连阴雨和涨水，会发生严重的采前落果，缺铜果园还会发生严重的树干流胶症。采前裂果与落果往往交替发生，导致果园低产。

5.2 防治方法

防控李园落果、裂果，关键技术措施主要是强化果园排水、防止果园涨水；推广避害栽培，调整熟期，规避连阴雨为害；补充锌、硼、铜微量元素肥，提高树体抗逆能力。

5.2.1 强化排水。李树栽植应采用聚土起垄栽培，在李树定植时，无论平缓地还是山坡地，都应在栽植李树时，实行聚土起垄栽培，聚土起垄高度应高出地面 50 厘米左右，避免果树涨水。李树较为耐旱，果园重点强化排水，建立和完善田间排水系统，缓坡地应建设田间排水沟，田间排水沟主要为土沟，深 80 厘米以上；山坡地应建设背沟和截洪沟，截洪沟与主排水沟连接处，应建设 1 个 1 米^3～5 米^{3}的沉沙凼，拦截泥沙削减氮磷。

5.2.2 推广避雨栽培。通过发展晚熟李新品种和现有品种在较高海拔种植，推迟成熟上市期至 7 月中旬以后，规避 5 月下旬至 7 月上旬，重庆三峡库区梅雨季节，提高果实品质，减轻采前裂果、落果率。

5.2.3 喷施微量元素肥。针对三峡库区李树主要缺乏元素类型，重点补充浓度为 0.2% 的硼砂、硫酸锌、硫酸镁，流胶严重的缺铜果园还应补充 0.08% 硫酸铜，提高树体抗逆能力，控制裂果、落果和流胶病严重发生。为防止和避免喷微量元素肥时发生果实外观损伤，微量元素补充主要安排在采果后进行，以保障翌年稳产丰产。如监测发现元素严重缺乏，可在春梢叶片二月龄以后，进行叶面喷施补充。同类微量元素肥可以混合施用，但是，混合后总盐分浓度不得超过 0.3%，挂果期喷施微量元素肥，总盐分浓度不得超过 0.2%。

（二）主要虫害

1. 李小食心虫

1.1 症状

成虫身长 7 毫米，翅展 10 毫米 ~ 14 毫米，背灰褐色，腹灰白色。成虫昼伏夜出，有趋光性和

趋化性，白天栖息在树下附近的草丛或土块缝隙等隐蔽场所，黄昏时在树冠周围交尾产卵，卵散产在果面上，间或产在叶片上。

1.2 防治方法

1.2.1 冬季清园。根据李小食心虫的越冬习性，应以树下防治为主，树上防治为辅，提高防治效果。重点结合秋耕深翻，在越冬代成虫羽化出土前，在树盘干基周围直径 50 厘米 ~ 70 厘米内的地面，培土 10 厘米厚，并予踩紧踏实，使成虫羽化不能爬出地面，同时防控桃蛀果蛾等越冬幼虫。

1.2.2 诱杀成虫。按每 40 亩 1 盏的密度悬挂频振式太阳能杀虫灯和糖醋诱杀罐诱杀成虫。还可以通过在果园放鸡或土施白僵菌等生物防治措施进行防治。

1.2.3 化学农药防治。虫害发生严重的果园或果园的部分区域，可选用化学农药挑治。方法是：在成虫发生盛期前后或卵果率达到 1% 时用药防治。常用药剂有甲维盐 1500 倍 ~ 2000 倍，毙害克 800 倍 ~ 1000 倍，高效氯氰菊酯、氯氟氰菊酯等。

2. 李实蜂

2.1 症状

李树在开花时，成虫产卵在花柱或花萼上，幼虫卵化后，然后蛀入幼果，被害果肉全部食净，并堆满虫粪，造成落果。幼虫老熟体长 9 毫米 ~ 10 毫米，黄白色，成虫为黑色小蜂。

2.2 防治方法

2.2.1 农艺防控。重点是清理果园，结合冬耕深翻园土，促使越冬幼虫死亡，或使成虫羽化不能爬出地面，减少虫源。

2.2.2 化学防治。主要抓住花前和花后防控的两个关键时期：一是在花前 3 天 ~ 4 天，也即当花蕾由青转白、未开花或极少量开花时，是杀灭羽化的成虫以及防止成虫产卵的最佳时期；二是在盛花后，花基本落完时，喷药杀灭李实蜂幼虫及防止幼虫蛀果。一般在这两个时期各喷药 1 次，喷洒的农药要以毒杀李实蜂的成虫和幼虫为主，喷药时要重点喷花朵。药剂可用 2.5% 功夫菊酯乳油 3000 倍液，或 10% 氯氰菊酯乳油 3000 倍液，或 20% 速灭杀丁乳油 3000 倍液，或 2.5% 敌杀死 4000 倍液等。成虫羽化出土始期可喷 2000 倍杀灭菊酯控制。

六、采后处理

（一）采摘时间

7 月初开始成熟，成熟度在八九成时可进行采收。

（二）采摘要求

采收时应轻采轻放，确保果粉完好；采果后应在 12 小时内转运至冷库预冷，或分级装箱后转入冷库预冷待运；也可在装箱时在包装容器内放入冰袋、冰瓶待运。

（三）果实贮存

冷库适宜贮藏温度 0℃ ~ 2℃，相对湿度 85% ~

95%。采用常温贮存，可按 DB44/T 930 执行。

（四）果实运输

宜采用冷链运输，运输注意快捷、透气、防潮，严禁日晒雨淋，不得与有毒有害物品混合运输。装卸时应轻拿轻放，堆码层数不超过果箱承载能力。

七、果实质量要求

（一）感官指标

感官指标应符合表 1-2 要求。

表 1-2　感官指标

项目	要求
基本要求	果实完整，色泽纯正，新鲜洁净，无病虫刺伤，果面特有的白色粉层明显，平均单果重 35 克左右，整齐度好
色泽	果皮绿色或黄绿色，果肉浅黄色

续表

项目	要求
风味	肉质脆嫩,汁多味香,酸甜适度
形态	果形端正,近圆形,缝合线明显,离核

（二）理化指标

理化指标应符合表 1–3 规定。

表 1–3　理化指标

项目	指标
可溶性固形物(%)	≥12
可滴定酸(%)	<0.95
可食率(%)	≥90

（三）质量安全要求

果品安全要求应符合 GB 2762、GB 2763 的规定。

○第二章○

巫山脆李生产实作 50 问

一、什么是巫山脆李?

巫山脆李是指产于重庆三峡库区巫山、巫溪、奉节、云阳、开州、万州等区县海拔 180 米～1000 米区域，通过重庆市农作物品种审定委员会鉴定或获得植物新品种权益保护的青脆李系列品种。产品符合《地理标志农产品 巫山脆李》质量标准要求，平均单果重 35 克左右，果实青、脆、离核，酸甜适度，在重庆三峡库区栽培优质丰产，具有抗性及适应性较强，易生产管理等特点。巫山脆李经巫山脆李产业协会授权的龙头企业、专业合作社和种植大户等生产主体产销。

二、巫山脆李主要有哪些品种品系?

巫山脆李主栽品种主要为三峡库区原生青脆李资源中选育的巫山脆李、开州金翠李、万州粉黛脆李、万州晚霜脆李和巫溪青脆李系列新品系等地方李良种品种（品系）。

（一）巫山脆李

图 2-1　巫山脆李果实图（黄明/摄）

1. 选育经过

巫山脆李是重庆市自主培育的脆李新品种，2014 年通过重庆市农作物新品种鉴定，2018 年获农业农村部品种权益保护。

20 世纪 70 年代，在巫山县曲尺乡柑园村种植的青脆李中，发现一株大枝的果实与其他李树果实差异显著，主要表现为：丰产，果满枝头；果实大，果形端庄；果实成熟采摘期 6 月 20 日至 7 月 20 日，采期较长。当地村民自发采用托罐苗和高接换种等方式进行扩繁自种，逐步形成较大规模。2007 年，巫山县果树站采集母树接穗，通过嫁接子代苗木和高接换种，在曲尺乡柑园村进行品种子代遗传稳定、丰产性试验研究。2012 年 7 月 4 日，通过重庆市农作物品种审定委员会组织的田间鉴定，在巫山县大溪、巫峡等乡镇进行品种区试，均表现出果大、早结、丰产、抗逆性强等优点。重庆市农技总站组织地方李良种资源发掘协作组，运用分子鉴定方法，采用 DNA 条形码技术，开展江安大白李与巫山脆李的亲缘关系鉴定，明确其存在品种间差异。2014 年 7 月 9 日，通过重庆市农作物新品种鉴定，定名为“巫山脆李”（渝品审鉴 2016015 号）。2018 年 4 月 23 日，巫山脆李获国家农业农村部《植物新品种权证书》（CNA20161163.9）。截至 2018 年，巫山县巫山脆李种植面积 22 万余亩，推广范围涉及巫山县、奉节县、巫溪县、云阳县、秀山区、北碚区等。

2. 品种介绍

该品种幼树树势强健，萌芽成枝力高，投产后转为中庸。树姿开张，树形自然开心，抽梢能力强；腋芽成花率高，自花结实率高，单芽双果率高，是该品种最显著的结果特性。叶片倒披针形或狭椭圆形，叶色绿，主脉黄绿色。果实中等大小，卵球形，平均单果重 32.1 克，最大单果重 58.9 克。果顶略凹。果皮底色绿色至绿黄色，薄、可食用，果点明显，果粉厚、白色。果肉浅黄色、肉质致密、纤维少、汁多味香、质地脆嫩、酸甜适口。果核小，扁圆形，离核。该品种适应性广、抗逆性强、早结丰产性状明显，耐瘠薄，3 年投产，4 年 ~ 5 年进入盛果期；7 月上中旬成熟，几乎无采前裂果和果内流胶，果实色、香、味、形俱佳，且较耐贮运。

经多年果实品质检测，巫山脆李肉质致密脆嫩、粗纤维少、汁多味香、酸甜适口，可溶性固形物多在 12%以上，可滴定酸 0.43% ~ 0.95%，维生素 C 含量 6.12 毫克 ~ 8.99 毫克/100 克，品质上等。

（二）粉黛脆李

图 2-2 万州粉黛脆李果实图（何才智/摄）

1. 品种培育经过

粉黛脆李是重庆市自主培育的脆李新品种，2018 年通过重庆市农作物新品种鉴定。

2008 年，万州区分水镇石碾村 4 社发现 1 株实生李子树，果实中熟，大果特性明显。2010 年万州区金土地果业发展有限公司、万州区果树站等在分水镇石碾村 5 社进行高接换种，观察子 1 代遗传稳定性和丰产性；2012 年在石碾村 5 社取高接换种接穗，嫁接到毛桃、实生李砧上，观察子2代的遗传稳定性和丰产性；2014年至2015年在孙家镇田湾村、溪口乡九树村和分水镇石碾4社，高接在毛桃树上，进行区域性试验观察；2015年结果后持续进行田间园艺性状观察，2017年7月28日通过重庆市农作物新品种田间鉴定。2018年4月26日通过重庆市农作物新品种鉴定，定名为“粉黛脆李”（渝品审鉴2018007号）。目前，已在重庆万州、巫溪、石柱、荣昌，四川洪雅等地种植，面积1.5万亩。

2. 品种介绍

该品种树势强健，树冠半开张。成枝力强，枝条分枝角度较大，叶色浓绿；以花束状果枝、短果枝结果为主，坐果率高，中晚熟，丰产，抗病性良好。在万州海拔600米区域，7月下旬至8月初成熟。果实扁圆形，果顶微凹，果实较对称，缝合线浅，果粉厚，果实端正、整齐，离核，平均单果重45.53克。果皮薄、与果肉难剥离，果肉浅黄色、肉质脆嫩、汁多、纤维少，果实成熟后无涩味、微香、风味浓郁，鲜食品质上乘。经农业农村部柑桔及苗木质量监督检验测试中心分析：其可溶性固形物含量 15%、还原糖 6.84%、总酸 0.82%，维生素 C 含量 2.15 毫克/100 克，可食率 97.95%。果实较耐贮藏，常温条件可贮藏 4 天 ~ 6 天。

该品种丰产性能较好，易成花，坐果率高，幼年结果树以中、长果枝结果为主，盛果期及以后以短果枝和花束状果枝结果为主。桃砧嫁接容器苗栽后第 2 年平均株产 5 公斤；第 3 年进入丰产期，平均株产 20 公斤；第 4 年达到盛产期，产量约为 1650 公斤/亩。

（三）晚霜脆李

图 2-3　晚霜脆李果实图（何才智/摄）

1. 选育经过

晚霜脆李是重庆市自主培育的脆李新品种，2018 年通过重庆市农作物新品种鉴定。

1992 年，在万州区分水镇石碾村 5 社，发现 1 株李子实生树晚熟特性优异。2004 年，在分水镇石碾村通过高接换种试验，观察高换 1 代的遗传稳定性和丰产性；2007 年，采集母本树接穗，嫁接到毛桃、实生李砧上，培养子 1 代；2009 年，采集子 1 代接穗，嫁接到毛桃、本地实生李砧上，培育子 2 代和高换 2 代；2013 年至 2015 年，采集子 2 代接穗嫁接到毛桃树上，中间砧为青脆李，高换 3 代；系统进行遗传稳定性和丰产性试验观察。2015 年至 2017 年进行新品种田间观察试验，2017 年 8 月 28 日通过重庆市农作物新品种审定委员会组织的田间鉴定，2018 年 4 月 26 日通过重庆市农作物新品种鉴定，定名为“晚霜脆李”（渝品审鉴 2018008 号）。目前，在重庆万州、巫溪、石柱等地推广。

2. 品种介绍

该品种树势较旺，萌芽力、成枝力强，枝条分枝角度较大，树姿半开张。以花束状果枝、短果枝结果为主，坐果率高，晚熟，丰产，抗病性较强。在万州海拔 600 米左右区域，果实生育期 150 天左右，于 8 月下旬成熟，较本地江安大白李晚熟 40 天 ~ 50 天。果实圆形，果顶微凹，缝合线浅，果实较对称，果粉厚，果实端正、整齐，离核，平均单果重 32.8 克，最大果重 58.75 克。果皮薄、与果肉难剥离，果肉色泽淡黄、肉质脆嫩、汁多、纤维少，果实成熟后无涩味、微香、风味浓郁，鲜食品质上乘。经农业农村部柑桔及苗木质量监督检验测试中心分析：其可溶性固形物含量 14.8%、还原糖 7.45%、总酸 0.75%，维生素 C 含量 0.28 毫克/100 克，可食率 97.21%，常温条件下可贮藏 5 天 ~ 8 天。

桃砧嫁接容器苗栽后第 2 年平均株产可达 6 公斤，产量 330 公斤/亩；第 3 年进入丰产期，平均株产 25 公斤，产量 1375 公斤/亩；第 4 年达到盛产期，产量约为 1900 公斤/亩。

（四）金翠李

图 2–4　金翠李果实图（周贤文/摄）

1. 品种选育经过

金翠李是重庆市自主培育的脆李新品种，2014 年通过重庆市农作物新品种鉴定。

1999 年，开州区果树站在镇东镇金果村 2 社村民胡定银家后山李园发现一株 8 月中旬成熟的晚熟李实生树单株，在每年 6 月底本地青脆李成熟时，果实表现为果小、青涩、无商品价值，未引起足够重视。2003 年开县进行李子品种资源调查发现，该脆李因夏季干旱、疏于管理，树体主干以上部位死亡，从其根部抽发出 2 株根蘖苗，自编号为 WL-P01、WL-P02。2006 年 WL-P01 开始试花结果，WL-P02 被转移到屋旁栽植，2006 年开始试花结果，均表现出较显著的晚熟特性。果实的果粉层明显。肉质硬脆，果肉淡黄色，离核，风味渐好，遂将其作为预选树，进行保护和连续观测。

2010 年至 2011 年，在镇东镇金果村、凤凰村，丰乐街道乌杨村，渠口镇桃坪村先后进行 WL-P01 的 2 代、3 代高换，高换 2 代、3 代树 10000 多株，多点开展区域性、丰产性和遗传稳定性试验，结果表明，WL-P01 及高换 1 代、2 代、3 代均表现稳定，综合性状优良、晚熟、丰产稳定、品质优、外观色泽好、耐贮运、抗逆性强、适应性广等特点，与当地青脆李品种相比，成熟

期延迟 30 天 ~ 50 天。

2014 年，在 4 个试验点进行品比试验，通过性状观察、生长发育规律研究、结果习性及果实品质、耐贮性研究，重庆市农技总站组织西南大学，运用分子鉴定方法，采用 DNA 条形码技术，开展江安大白李与金翠李的亲缘关系鉴定，明确其同属青脆李系列，但存在品种间差异。2014 年通过重庆市农作物新品种鉴定。

2. 品种介绍

该品种成枝力强、树势强健、树冠半开张。一年生枝条呈红褐色或绿色、斜生，三年生以上枝条呈现红褐色或灰褐色，叶片椭圆形，花为单瓣、白色，每花芽着生 1 朵 ~ 3 朵花，花萼淡绿色，果实圆形，果尖凹入，梗洼深度浅，缝合线浅，果实较对称，果粉薄，平均单果重 21.36 克、最大果重 44.45 克、偏小，离核，核形卵圆，核面粗糙，可食率 96%。果实整齐度中，果皮薄、与果肉难剥离，果肉色泽淡黄、肉质硬脆、汁多、纤维少、风味酸甜适中，可溶性固形物 12.2% ~

13.5%。果实成熟后无涩味、微香，鲜食品质中上。果实硬度大，耐贮运，货架期长，在常温条件下贮藏适宜时间为 10 天 ~ 20 天，较本地青脆李长 5 天 ~ 15 天。在 0℃ ~ 2℃条件下贮藏适宜时间为 60 天左右。

（五）巫溪青脆李系列新品系

1. 巫溪青脆李（新品系）发现经过

巫溪是青脆李的原产地之一，地方青脆李资源分布广泛，品种资源禀赋。2014 年以来，重庆市农技总站和巫溪县农委经作站组织专家在巫溪县开展现场调查，发现大量良种脆李资源；在城厢镇酒泉村发现酒全香脆李，在通城镇长桂村新发现中晚熟脆李等地方青脆李良种资源。2015 年至 2018 年持续邀请市农业农村委、市农技总站专家，在城厢镇对酒泉脆李进行现场鉴定；2018 年 8 月中旬，巫溪县经作站邀请重庆市农作物品种审定委员会专家组进行现场观察和测产。目前，列为系列新品系，进行遗传稳定性、丰产性、区域适应性观察试验。

2017 年至 2018 年，重庆市农技总站和巫溪县农委经作站联合对野生青脆李资源进行资源调查，发现大量野生李子树，可为脆李提供野生砧木种质资源。

图 2–5　巫溪青脆李果实图（向芳/摄）

2. 品系介绍

巫溪青脆李果实偏大，近圆形，纵径 4 厘米、横径 4.3 厘米，平均单果重 58.1 克，整齐。果柄长 1.5 厘米、粗 0.1 厘米。离核，可溶性固形物含量 13.6% 以上，果核小，扁圆形，果实可食率达 97.86% 左右，维生素 C 含量 1.56 毫克/100 克，果皮底色绿色至绿黄色，皮薄，果点明显，果粉厚、白色。果肉浅黄色、肉质致密、纤维少、汁多味香、清爽脆嫩、酸甜适口，鲜食品质上乘。

在巫溪中高山地带，李子 2 月末萌芽、现蕾，3 月上旬初花，3 月中旬盛花，3 月下旬末花，果实在 6 月至 8 月下旬成熟，11 月落叶。在巫溪低山地区 6 月中下旬开始成熟，高山地区可挂果到 8 月中下旬。

三、巫山脆李为何宜在海拔 500 米以上区域种植？

（一）重庆是青脆李的最适宜区

重庆地处长江上中游地区，是青脆李的发源地之一，是巫山脆李的故乡，栽培历史悠久。从海拔 175 米的长江沿岸河谷地区到海拔 2000 米以上的大娄山区和大巴山区，都有青脆李的分布。在南川海拔 1000 米 ~ 2251 米的金佛山和巫溪海拔 1800 米 ~ 2630 米的红池坝，不仅有大量的野生李子资源，也有人工栽培的地方脆李良种，足以说明重庆各地都可以种植脆李。

巫山脆李，是重庆市地方青脆李资源中发掘出来的佼佼者，已在 180 米 ~ 1000 米区域成片发展，成为当地特色高效农业的主导产业，得到快速发展。

（二）重庆 500 米以下区域种植脆李熟期与梅雨期重叠

尽管长江上中游海拔 180 米 ~ 500 米地区种植青脆李历史悠久，但是，脆李成熟期集中在夏季的 6 月中旬至 7 月上旬，采摘期温度高、降雨多，果实含糖量低、品质差、不耐贮运。长期以来，四川和重庆的青脆李大都主要集中在便于贮运、水陆交通方便的长江两岸地区，重庆市一度集中了 70% 的李子基地和产量。由于交通不便，过去巫溪、巫山境内的秦巴山区、南川境内的大娄山区地区蕴藏的大量地方李良种资源，很难运出去成为商品，制约了发展。

但是，长江河谷地区开春早、积温高，脆李花期提早，易遭遇“倒春寒”，坐果不稳，低产现象明显。6月中旬至7月上旬的成熟采摘期，适逢每年5月下旬至7月上旬长江流域的梅雨季节，按照农村谚语的说法就是“长墨掉线”的“霉雨”期，完全覆盖脆李6月中旬至7月上旬的成熟采摘期，三晴两雨土壤涨水，导致采前落果、裂果严重，果实含水充盈，汁多味淡品质差。正值盛夏时节温度高、湿度大，果实极易变软和腐烂，导致货架期短，很难实现规模化经营、商品化生产和销售，以至于青脆李成为农村房前屋后、田坎路旁的绿化果树，星星点点，难成气候，制约了脆李的商品化生产和产业化发展。

（三）海拔500米以上区域种植脆李可以避开梅雨期

脆李成熟采收期在夏季，高温高湿，采后如

无冷藏设施，会很快变软和腐烂，所以，传统产区主要集中在交通方便、人口稠密的长江河谷地区。但是，长江河谷区域海拔低，脆李成熟采收期偏早，很难躲避6月中旬至7月上旬成熟期梅雨季节连阴雨为害，如在500米以上地区种植脆李，年积温低、物候期推迟，成熟采收期延后，可有效躲避梅雨季连阴雨为害，是实现脆李优质高产的重要途径。

根据气象学原理，温度随海拔升高逐渐下降，一般平均海拔升高100米，温度平均下降0.6℃。据巫溪县观察，脆李从大宁河谷区域海拔200米高度逐步升至500米、800米、1400米及以上区域，理论推算日均温度分别下降1.8℃、4.8℃、7.8℃，观察发现脆李熟期分别推迟至7月中旬、8月初、8月中下旬，全部避开了成熟采收期梅雨季连阴雨为害。

500米以上地区种植，还有利于脆李花芽分化。脆李属于落叶果树，必须经过一定时数的低温冷量处理，才能进行下一个生长发育循环。落叶果树需冷量不足，花芽的生长发育将受阻，会发生不开花，或延迟开花，开花不整齐，畸形花、畸形果增多和光开花、不结果，出现落花、落果和低产问题，严重影响果园产量和果实的商品价值。

据重庆气象台 1951 年至 2016 年气象数据监测，全市最低月均温（1 月）为 6.8℃，通常情况能够满足脆李自然休眠所需的 7.2℃以下有效低温时数需求，安全通过休眠期，但是若遭遇暖冬，位于长江河谷地区的部分李园不能满足冬季需冷量要求，导致花芽分化不良，出现弱花、畸形花，大量落花落果和低产。

落叶果树的耐寒耐旱能力超过常绿果树，在海拔 500 米 ~ 1000 米区域种植脆李，不仅不会因此产生冻害，还会因温度低杀灭更多越冬害虫，降低越冬虫口基数，减少翌年防控用药。

四、巫山脆李种植环境有哪些要求？

（一）气候

巫山脆李适宜的气候环境为年平均日照 1460 小时～1640 小时，降水量 1057 毫米～1243 毫米，年均温 17.6℃～18.7℃的高温高湿区域（具体见表 1-1）。

（二）园地土壤

园地要求开阔向阳，水利交通条件好，土质疏松、有机质含量 1% 以上，土壤质地疏松肥沃，土层深厚，透气性好。pH 值 6～7.5，土层深厚 0.8 米左右，活土层在 0.5 米以上，地下水位 1 米以下的黄壤土、紫色土等，均适宜种植。土壤不符合条件的果园应进行改良。

（三）海拔高度

由于巫山脆李发展区域地处高山深丘地区，不同地块垂直海拔变化导致的温度变幅较大，温度和熟期成为选址的首要条件。按照最适宜气候条件和成熟上市期，宜选择海拔 500 米～1000 米地区种植巫山脆李，部分品种可以放宽至海拔 1500 米。种植区域低于 500 米，不仅与晚熟柑橘争地，而且，年均温度较高，物候期偏早，成熟期集中在梅雨季，果实品质较差、耐贮性低、易软化腐烂，种植风险较大，不推荐发展。

五、巫山脆李从苗木栽植到挂果投产需要多少年？

农民有句谚语“桃三、李四、柑八年”，脆李传统种植从播种到吃到果子，需要 4 年时间。现代栽培，主要采用营养繁殖技术，通过嫁接法繁育种苗，苗木开花投产期大大提前，但考虑到培

养丰产树冠的需要，一般种植后第 2 年需要抹除全部花朵和幼果，加快培育树冠，第 3 年后即可开花结果，生长较差的果园，可能需要 4 年才能开花结果。

六、巫山脆李什么时候成熟上市？

脆李传统种植区域集中在重庆主城周边和长江河谷地区海拔 500 米以下区域，成熟采摘期主要在 6 月中旬至 7 月上旬。

近年来，随着巫山脆李、金翠李、粉黛脆李等中晚熟地方脆李良种的成功培育，通过海拔高差调控脆李熟期技术日趋成熟，重庆脆李熟期已逐步延迟到 9 月份，拉长成熟期 2 个月。这些地方脆李新品种果实外观端庄，色泽好，果粉厚，肉质硬脆，可溶性固形物含量高，品质优良，个头适中，易于取食，晚熟品种更耐贮运，货架期大幅延长，通过冷链贮运，上市期基本覆盖 6 月至 10 月国庆果品市场。

七、巫山脆李建园为何要进行改土？

巫山脆李属于多年生经济作物，经济寿命长，根系忌土壤涨水，特别是桃砧脆李，更怕土壤涨水涝害。巫山脆李主产区，位于三峡库区腹地，紧邻秦巴山区，山高坡陡，土地瘠薄，耕地浅薄，土壤肥力低，保水保肥能力差，每年 5 月下旬至 7 月上旬和 9 月至 11 月是梅雨季，易发生连阴雨，导致果园涨水，出现树冠停长、采前落果、裂果和流胶、脚腐病感染加重等。通过改土，疏松根际土壤和排水除涝，给脆李根系创造一个良好的生长环境，植株和地上树冠才能生长好，产量和品质才能得到保证。

脆李建园改土的核心是将山坡瘠地改造成能满足脆李优质稳产丰产的良田沃土，不仅要有完善的排水系统，解决连阴雨排水除涝问题，也应该考虑农村劳动力转移、劳力短缺、人工成本上升问题，建园时规划和建设作业运输道路，配套果园作业机械通行道问题。

八、山地脆李建园对坡度有什么要求？

脆李对土壤的适应性较强，平坝丘陵、山坡瘠地和梯地都可以栽植李树，适宜在三峡库区发展，土层深厚、肥沃、保水性好的园地更佳。

就具体地形地貌而言，山地建园，坡度不得超过 25 度；一般 15 度以内的缓坡地适宜栽植李树；园地坡度在 15 度以上时，建设宜机果园必须将土地归并成大块田，通过修筑梯坎、平衡土方、降低坡度至 15 度以下，同时打通作业通道，满足机械化作业需要；普通果园应选用定植穴聚土起垄栽培方式，基本不改变果园地形地貌，有利于充分利用有限的表土资源，改善根际环境，有利于防止水土流失。

李树忌土壤涨水，在低洼地和缓坡地建园时，应采用起垄栽培，要注意土壤排水，排水沟深度 80 厘米以上。

九、巫山脆李如何进行改土？

巫山脆李新发展区域主要分布在海拔500米～1000米区域，苗木栽植面临果园土层浅薄、土质贫瘠问题，宜采用定植穴聚表土起垄栽培模式进行改土。改土时，先按定植的株行距放线，由于山坡地土壤浅薄，开挖定植穴时，用挖机把距土壤表层30厘米以内的表土传到一边，铲堆的直径达0.8米～1.5米，取出穴内深层土壤或母石传至另一边，将周边表层土壤聚拢回填至穴内，同时可分层填埋压玉米秆、稻草、麦草及其他有机残体等绿肥或有机肥，改良根际土壤。

采用聚土起垄栽培的优点是，较好地解决了连阴雨导致的山地果园根际持续涨水导致的采前落果加重问题。因为定植穴改土，苗木栽植后根系主要集中在定植穴内，部分成土母质坚硬、透水性差的果园，遭遇连阴雨，定植穴容易形成一个个积水坑，山坡中上部土壤中的田间持水在重

力作用下，也会不断向山坡中下部土壤流动，连阴雨时会导致山坡中下部果园根际土壤的高含水和持续涨水，导致采前落果和裂果加剧，栽植苗木时土堆适度高出地面30厘米~50厘米，可减轻和避免山坡地中下部果园的持续涨水导致的落果加剧。

十、脆李是否可用裸根苗和如何栽植？

与柑橘等常绿果树不同，脆李属于落叶果树，冬季有休眠期，植株一旦进入休眠期，生命活动减弱，这个时期进行起苗、修剪和运输栽植，对苗木产生影响较小，所以，脆李栽植可以采用裸根苗。

裸根苗起运和栽植，应在秋季落叶完毕，进入休眠期后至早春树液流动前进行。苗木栽植时，栽植深度应与根颈相平。根颈是根系与主干交界处，连接植物地上部和地下部的部位，根颈深埋，极易造成树体根系吸收障碍和根颈部腐烂。栽植时应将脆李的根颈部露出土面，不能深埋，埋根时注意将苗微微上提，并稍稍摇动以使根土密接，不留空隙，填平后踏实。

十一、脆李园怎样设置道路系统？

脆李规模化建园，无论缓坡平地还是山地果园，都应考虑果园肥料、农药、果实等运输的车辆。村村通公路要通达果园，园内作业道路宽 2 米左右，能满足小型耕作机械和三轮运输车辆通行，作业道与最远果树的距离 75 米以内。

十二、为什么成年李园要进行深翻扩穴？

这主要是改善土壤疏松度，保证根系的良好生长。根系是植物吸收土壤矿质营养和水分的主要组织，根系不能进行光合作用合成营养，需要依靠地上部分光合作用合成的营养物质，通过根系的呼吸作用，分解光合作用合成的营养提供能量，满足根系吸收水分和矿质营养所需的能量要求。

根系在进行呼吸作用时，需要充足的氧气。李树根际土壤在降雨、灌溉和人类活动等外力作用下，逐步板结，疏松透气性能减弱，土壤氧气不足，导致根系呼吸作用减弱，根系生长发育减缓或停滞；遭遇连阴雨，果园涨水，土壤空气被挤出，土壤毛细孔隙被水充填，加重缺氧，导致根系厌氧呼吸，造成根系损伤，排水不及时，长时间的厌氧呼吸，会导致须根死亡，造成树体损伤，采果前受损会出现采前落果、裂果和流胶。

所以需要及时深翻、扩穴，疏松根际土壤，改善土壤结构，方便雨水排出，增加土壤空隙和疏通空气，使之满足脆李根系的正常生长发育。

十三、如何进行李园深翻扩穴?

李园深翻扩穴方法有三种：

（一）机械化深耕深松

针对缓坡和宜机化果园，采用大型拖拉机，在李园行间，每 1 年 ~ 2 年进行 1 次机械化深耕深松作业，深松深度 30 厘米 ~ 40 厘米，实施深翻扩穴，有条件的，还可同时完成施肥作业。特点是节省劳力，节约成本，缺点是只能满足宜机化果园作业。

（二）小型挖掘机和开沟机深翻

可在果园树冠株间或行间进行扩穴，一般 2 年 ~ 3 年实施一次，具体是沿树冠滴水线挖槽扩穴，穴深 40 厘米 ~ 60 厘米，宽 30 厘米 ~ 40 厘米，长 60 厘米 ~ 100 厘米，同时，绿肥、饼肥或腐熟有机肥等与土壤混合均匀回填。特点是适合多数果园深翻扩穴，但综合效果不如机械化深耕深松。

（三）人工深翻

对于机械难以到达的山地果园，主要靠人工

深翻扩穴，具体是在树体株间或行间，结合施肥，沿树冠滴水线外侧开挖扩穴槽，穴深 30 厘米 ~ 40 厘米，宽 30 厘米左右，长 60 厘米 ~ 100 厘米，同时，绿肥、饼肥或腐熟有机肥等与土壤混合均匀回填。特点是适合各种类型果园的深翻扩穴，缺点是劳动效率低，劳力成本高，效果不如机械化深耕深松。

十四、脆李种苗分几种类型？

脆李种苗主要采用营养法繁殖，生产中主要分两类：一类是嫁接苗，在大多数果园中应用；一类是根蘖苗，主要在传统老产区应用。

（一）嫁接苗

嫁接苗是在砧木上嫁接良种脆李接穗繁殖的脆李种苗。其特点是繁殖系数高，质量稳定，是大规模发展脆李所需种苗的主要来源。

（二）根蘖苗

根蘖苗是从李子根上长出不定芽伸出地面形成的苗木。根蘖苗的母树应该是根蘖苗或者其他非嫁接苗如压条、扦插等；如果母树是嫁接苗，砧木是实生苗，则所发的根蘖苗就是砧木萌发的苗，就是实生根蘖苗。李子根蘖苗是脆李发展历史的见证，在重庆脆李传统老产区，脆李繁殖主要靠根蘖苗，如巫山的巫山脆李、合川区的皇池李、渝北区的歪嘴李、巫溪县的酒泉脆李等形成了集中的成片上万亩的地方脆李良种基地，主要就是靠根蘖苗营养繁殖，逐步形成的地方良种李的优势种群。

十五、生产上为何主要选择毛桃或山桃砧苗？

脆李可用毛桃、山桃、山杏、野生李的实生苗和李根蘖苗作砧木，分为根蘖苗砧穗组合和实生砧苗砧穗组合。

（一）根蘖苗砧穗组合

尽管根蘖苗砧木抗脆李流胶病能力比桃砧苗强，但由于根蘖苗早期长势参差不齐，整齐度差、标准化程度低、繁殖系数小，规模化供苗能力弱，难以满足产业化发展和市场对种苗质量的要求，所以，根蘖苗繁殖主要还是老产区自繁自育就近发展的较多，规模化生产很少。

（二）实生砧苗砧穗组合

采用砧木嫁接，最好是选择野生砧木繁育苗木，但是不能用脆李果实获取的种子作砧木繁育的共砧苗木，即用脆李种子繁殖的砧木嫁接脆李接穗繁育的苗木，俗称“共砧苗”。

由于野生李子砧木资源有限，共砧苗不可用，我国李子砧木主要选用毛桃、山杏、山桃。在北方，主要选用山杏和山桃，南方多用毛桃砧。选用毛桃做砧木，优点是种子获取容易，砧木生长整齐，方便嫁接和规模化、标准化育苗；主要不足是根系忌涨水，树体易流胶和早衰，易感染根腐病和根癌病。

十六、巫山脆李为何需要配置授粉树？

李子是异花授粉果树，多数品种自花结实率很高，尽管巫山脆李系列品种的自花结实率较高，但花期“倒春寒”和连阴雨，会影响授粉和坐果，配置授粉树，可以提高授粉质量，提高坐果率，降低畸形果率，所以，应根据不同的品种配置适当的授粉树。配置的授粉树应与主栽品种类型基本一致，花期相同，花粉亲和力强。配置密度为1/8 ~ 1/4。

十七、什么时候适宜栽植脆李？

脆李属于落叶果树，具有冬季休眠的习性，

宜在冬天至早春萌芽前栽植。冬季脆李进入休眠期，生命活动减弱，此时移栽对树体损伤最小，如果在秋季或者开春移植，树液正在活动，移栽过程中起苗、断根等工序造成苗木损伤，树体营养损失较大，导致栽植成活率下降，延长缓苗期。

重庆巫山脆李产区，每年11月深秋时节，脆李叶片完全脱落，进入休眠期后，直至翌年2月中旬，新梢萌动前，就可以起苗移栽和种植，其余时间不适宜脆李裸根苗栽植。

十八、如何进行脆李整形修剪？

（一）脆李树体结构

脆李树体结构由根系、主干、树冠、骨干枝、中心枝、辅养枝、枝组组成。

1. 根系

根系是指脆李地下部分根的总合。

2. 主干

主干是指地面至第一层主枝之间的树干部分，脆李一般定干高度为60厘米~80厘米。

3. 树冠

主干以上的部分统称树冠，主要由骨干枝和辅养枝组成。

4. 骨干枝

组成树冠骨架的永久性枝统称骨干枝，包括：中心干、主枝、侧枝。其中，中心干是主干的延长部分，是树冠中心向上直立生长的骨干枝；主枝是中心干上的永久性分枝；侧枝是主枝上生长的分枝。

5. 辅养枝

辅养枝指树冠整形过程中留下的临时性枝。这主要是用于增加叶幕层，增加光合作用或利用蒸腾作用提取土壤中的水分，维持所在枝干的基本生命活动，故也称提水枝，在高接换种后，预留的辅养枝多为提水枝。

6. 枝组

枝组由生长枝和结果枝组成。

（二）脆李整形修剪

1. 幼树修剪

幼树重点以树冠整形为主，修剪轻剪缓放为主。对于开心形栽植的苗木，在成活后要进行抹芽、定干和拉枝；对于中心主干形在苗木栽植后要扶直中心主干，培育丰产树冠，促发健壮主、侧枝，培养好树形骨架。如无十分必要，定植后的 1 年 ~ 2 年可不修剪或轻剪。

2. 脆李整形

脆李整形通常采用自然开心形或中心主干形。采用中心主干形，要培养选留好主枝和侧枝，适度预留辅养枝；进行整形时，要注意平衡树势，以利形成丰产树冠；采用自然开心形，技术较为复杂，因为没有典型意义的中心主干，重点是要培养角度互为 120 度的 3 个 ~ 4 个主枝，主枝之间高度差在 30 厘米左右，第三、四主枝以上的中心干应短截或控高，在主枝上培养一、二级侧枝，早期要适度多预留辅养枝，以利树冠尽早形成，实现早产丰产。

3. 投产树修剪

修剪的目的主要解决树体通风透光，调节树体营养生长和生殖生长的平衡。李树的成枝力较强，短果枝和花束状果枝又特别多，所以，要适量疏除长势较旺的营养枝和密挤的中、长果枝，短截或剪除徒长枝、骑马枝，抑制营养枝旺长；李树枝条的节间较短，枝、芽数量较多，新梢容易密挤、丛生和交叉，及时疏除过密枝、细弱枝和交叉枝，减少养分消耗，促进结果枝组形成，充实花芽，提高坐果率。在培养结果枝组时，要注意去弱留强，以增强连续结果的能力。

脆李以短果枝及花束状短果枝结果为主，所以修剪上一般以轻剪长放、通风透光为原则。第一年结果树应该以整形为主，适当减少修剪量，为丰产打下基础。多年生树基本是采用疏剪、回缩、拉枝等措施，用以缓和树势，控制营养生长。

夏季、秋季修剪，应以当年生枝为主，重点通过疏除过密枝条，枝干背上的骑马枝、徒长枝，有条件的可进行摘心、拿枝、扭梢，强化通风透光，促进花芽分化。

（三）整形修剪的注意事项

一是树冠控高，将树冠高度控制在距地面2.5米~3米。树冠高度超过3米时，应在中心主干距地面2.5米处短截，顶部超过3米的侧枝应短截回缩，控制树冠高度。

二是树冠提干，主干低于60厘米，易导致分枝拖地，要求主干定干高度要超过60厘米，及时剪除离地面距离小于0.5米的下垂枝。

三是郁闭园修剪，要及时剪除病虫枯枝、过密枝、交叉枝等，中心干控制在2.5米左右，保证树冠距地面高度不超过3米，重塑脆李树冠树形，达到便于管理、通风透光要求。

十九、巫山脆李栽植为什么选择宽行窄株?

巫山脆李主要采用宽行窄株的栽植模式，一般株行距 3 米 × 5 米。其优点是：

一是有利于提高果园通风透光能力，满足果树基本光照需求，提高单产和品质。光合作用是脆李最基本的物质代谢和能量代谢，光是光合作用的能量来源，充足的阳光是提高脆李光合作用效率，实现果实优质高产的重要条件之一。三峡库区年均光照 1200 小时 ~ 1640 小时，属于全国日照低值区，总的光照偏低，巫山脆李主产区规划布局在巫山及周边的万州、开州、云阳、奉节、巫溪等区县，年均光照 1460 小时 ~ 1640 小时，是三峡库区光照较为丰沛的区域，基本可以满足脆李生产对光照的要求。但是，如果栽植过密，果园郁闭，就会出现光照不足，导致品质和产量下降。

二是方便后期机械化生产管理。果园宽行窄

株栽植，不仅可以满足耕作、打药、运输等农业机械化作业需求，提高劳动生产率，也为将来果园全程机械化作业需求提供基础条件。

二十、脆李不同生长发育期管理有哪些不同点？

（一）幼龄期

苗木栽植至第一次结果之前，主要培养丰产树冠。

（二）结果初期

第一次结果至开始有经济产量，重点促控结合、缓和树势，抑制营养枝旺长，促进生殖生长。

（三）盛果期

从经济产量开始，经过高产稳产期，再到产量开始显著下降，此期应加强肥水管理，合理修剪，注意结果枝更新，以延长结果盛期。

（四）结果后期

高产稳产状况丧失至无经济收益，可通过深翻扩穴、整形修剪，对根系和树冠更新。

（五）衰老期

无经济收益至果树死亡，需要更新换植，重新建园。

二十一、脆李必需的营养元素有哪几种？

营养元素对植物生长是否有用，并不取决于该种元素在植物体中的含量多少，只有那些在植物生长中具有不可缺少性、不可替代性和直接功能性的营养元素，才是植物生长发育必不可少。这些元素共有碳、氢、氧、氮、磷、钾、钙、镁、硫、氯、铁、锰、锌、铜、硼、钼等16种（最新的为 17 种，包括硅）。其中：

主要通过空气和水分吸收的有碳、氢、氧 3 种元素，是植物最廉价的营养素碳水化合物的组成物质。

主要通过根系从土壤中吸收的有氮、磷、钾、钙、镁、硫、氯、铁、锰、锌、铜、硼、钼等 13 种元素，也称矿质营养元素。矿质营养元素中，根据其在植物体重的含量，分为大中量元素和微量元素。大中量元素为氮、磷、钾、钙、镁、硫 6 种。微量元素为氯、铁、锰、锌、铜、硼、钼 7 种，尽管微量元素在脆李树体中含量较低，但对其生长发育起着非常重要的作用，并具有很强的专一性，是作物生长发育不可缺少和不可相互代替的营养，一旦缺乏或偏高，都会对脆李生长发育产生严重影响。因此当脆李任何一种微量元素丰缺失衡的时候，生长发育都会受到抑制或损伤，发生生理性病害，导致树体衰败、减产或果实品质下降。

二十二、什么是脆李营养诊断配方施肥？

脆李营养诊断配方施肥，就是通过叶片和土壤采样检测，测定和判断脆李树体营养状况，监测树体营养水平，提供施肥理论指导和平衡施肥配方的一种科学方法。果树的营养诊断也称叶营养诊断，以测叶为主，参考土壤检测指标，有别于作物测土配方施肥技术，是国际果树界公认的果树精准施肥管理方法。具体方法是在脆李营养枝上选择春梢5月～7月龄叶片样品，进行检测分析，测定植物所需的氮、磷、钾、钙、镁、硫、铁、锰、锌、铜、硼、钼等全部13种矿质营养元素，并以干物质含量为计算单位，与标准对比，从而诊断出各种营养元素的含量水平，结合土壤监测分析供给情况和栽培管理方法，综合判断树体和土壤的营养状况，提出精准的施肥方案，指导控制过量营养元素施用，补充缺乏营养元素，真正意义上做到了缺什么补什么，均衡营养。

二十三、为什么巫山脆李要进行营养诊断施肥？

果树精准施肥管理，主要采用叶营养诊断配方施肥技术，因为传统的测土配方施肥技术，在果树等多年生作物上应用，存在测不准、土壤检测与树体营养相关性不匹配、元素间拮抗难监测等问题，不适宜用作指导果树等多年生经济作物的精准施肥。主要是因为：

（一）土壤检测采样不具代表性

果树矿质营养主要靠根系吸收，栽植后几十年固定不动，常年吸收靠近根系附近的矿质营养，导致根际土壤中的必需矿质营养含量随根系生长，由远到近逐渐递减；脆李树冠大小不同根系生长量和活动范围的差异很大，仅靠土壤采样检测很难准确诊断树体营养的吸收情况。

生产实践中，土壤施肥与取样无相关性。施肥前和施肥后、降雨与否，土壤中的营养元素变化很大；现行果园施肥方式有撒施、穴施或肥水一体灌溉，点状施肥与均衡采样，很难实现准确采样，取样不具代表性，测土就很难准确反映果树根际土壤营养状况。

（二）不同品种、树龄和树冠差异对营养吸收的差异较大

脆李幼龄树与成年树，旺长树和病弱树，结果多与结果少的树营养吸收水平和吸收总量差异很大，土壤检测，不能准确反映不同树种、品种和树体大小的吸收水平和需求状况。

（三）不同砧穗组合导致营养吸收不一样

脆李有根蘖砧苗、毛桃砧苗和李砧苗，其适宜的土壤条件是不同的，如毛桃砧苗不耐黏重的土壤，在沙质瘠薄的土壤，毛桃砧苗表现良好，黏重的果园易发生流胶等病害，导致早衰。用李

子的共砧作砧木，对低洼粘重的土壤适应性较强，但是耐旱力弱，也说明，不同砧木对不同土壤中的矿质营养的吸收能力是不同的，采用土壤检测指标，不能准确监测不同的树种品种和砧穗组合的营养水平。

（四）元素的拮抗

果树钙、钾等元素间拮抗作用明显，不仅发生于营养元素之间，也发生在土壤中和作物体内。元素拮抗的本质，是植物体内的一种元素对另一种元素的正常生理功能产生干扰的现象。所以，仅凭土壤营养元素检测指标，不考虑叶片营养诊断数据，不考虑元素间的拮抗干扰，不能准确监测树体的营养水平，指导精准配方施肥。

二十四、巫山脆李为何要推荐施用硫酸钾型复合肥？

巫山脆李是忌氯作物，对氯元素十分敏感。

通常氯以氯离子的形式被吸收，只有极少量的氯被结合进入有机物。氯能促进碳水化合物水解，氯离子偏多不利于贮藏器官（果实）中糖分转化为淀粉储存，果实中淀粉含量减少时，果实的总糖含量和可溶性固形物也大幅下降，出现果实口感偏淡、甜度降低、品质下降等问题。根据常年监测，三峡库区果园背景土壤中氯离子含量偏高，再施用氯根（也称氯化钾）复合肥，会导致树体氯过剩，使脆李口感偏淡、品质下降。

硫是胱氨酸、半胱氨酸和蛋氨酸等含硫氨基酸的重要组成成分，对果实品质调控起到重要作用。脆李是喜硫作物，硫元素主要以硫酸根（SO_4^{2-}）的形式被植物吸收，是重要的品质元素。硫进入植物体后，大部分被还原同化为含硫氨基酸，辅酶 A 和硫胺素（维生素 A）、生物素（维生素 H）等维生素也含有硫，其中生物素是合成维生素 C 的必要物质，硫元素不足，果实中维生素 C 的含量会下降。

硫酸钾型有机复合肥或复合肥，钾元素的来

源是硫酸钾而不是价格便宜的氯化钾，氯的含量相对比较低。按照国家标准GB 15063规定，在包装上标明“硫酸钾型”的复合肥料，氯离子含量必须小于3%。所以，采用硫酸钾型复合肥对巫山脆李进行补钾和补硫，对脆李果实品质有较好的促进作用。

二十五、什么是微肥?

微量元素肥料，简称微肥，就是含铁、锰、锌、铜、硼、钼7种必需微量营养元素的无机盐或氧化物。

尽管巫山脆李正常生长过程中，对微量元素的需求量很少，但它们的作用很重要，任何一种必需微量元素的缺乏或过剩，都会影响脆李的生长发育，导致产量、品质、抗逆等性能的下降。特别是单一使用氮磷钾肥料，果园产量不断提高时，果实会富集和带走更多的微量元素，得不到足够的补充时，就会发生营养失衡症，出现花叶黄化、枯枝、落果、裂果等生理性病害，导致树势衰弱、弱寄生病菌侵染加重和减产，严重的甚至突然死树。

根据重庆市农技总站连续对脆李营养诊断监测，重庆奉节、开州、云阳、巫山等区县的脆李园营养失衡比较普遍，主要表现为缺锌、缺硼，锰含量偏高；大中量元素中缺镁比例较高，是导致巫山脆李黄化低产、采前落果和流胶的主要原因之一。需要叶面补充缺乏的微量元素肥料矫治。

二十六、脆李如何施用微肥?

脆李补充缺乏微量元素，应根据营养诊断指标，主要通过叶片喷施补充，为避免施微肥导致的药害，施用微肥的总浓度不得超过 0.3%。

微肥应主要采用叶面喷施，因为微肥多是重金属元素，长时间采用土壤施用会造成耕地和水源污染，不利于环境保护；土壤施用微肥，如锌、铜等微量元素和镁等中量元素，会与土壤中的物质发生化学反应被吸附、固定和钝化，失去活性。土壤中的元素之间会发生拮抗，有的拮抗发生在植物体内，造成被拮抗元素难以通过土壤正常吸收，出现拮抗型缺素症。如硼对酸碱度十分敏感，土壤中硼有效性与 pH 值密切相关，酸性土壤硼的有效性最高，但遇雨易流失；土壤中钙含量高或施用石灰，硼的吸附固定量显著增加，失去活性往往诱发缺硼，造成缺硼和开花结果质量差，坐果率低。

叶面喷施锌、锰、铜等的混合溶液补微肥，要注意合计总盐分浓度不得超过 0.3%。据试验，叶面施肥浓度过高，超过 0.3%，容易发生反渗透，导致果实（果皮）和幼叶细胞中的水分倒流，造成叶片和果实的肥害损伤，果实皮层和嫩叶易出现“褐斑”症，即农民俗称的“麻子点点”，影响果实商品性。所以，多种微肥混合施用，溶液中营养盐的总浓度，不应超过 0.3%，单一施用微肥时，浓度不应超过 0.2%。

二十七、脆李果园排水系统如何设置?

脆李忌水，发生土壤涨水会加重落果、裂果和流胶病发生，必须设置排水系统，在连阴雨时通过沟渠及时排出田间积水。排水系统包括排水沟、截洪沟、箱沟等。箱沟为土沟，深 20 厘米左右，主要排除田间表层积水。田间排水沟深 80 厘米，一般为土沟，主要降低地下水位，防涨水；田间排水应通过主排水沟接入缓冲堰塘，滞留泥沙削减氮磷。截洪沟主要拦截山洪，沟底比降应大于 5‰。排水沟具体规格大小，应根据汇水面和设计比降计算；截洪沟、田间排水沟在接入主排水沟和溪、河及缓冲堰塘前，应配套修建沉沙凼拦截泥沙，沉沙凼 1 米^{3}～5 米^{3}，可兼做蓄水池。

二十八、脆李属于比较耐旱的落叶果树为何还要灌溉?

脆李属于落叶果树，耐旱能力比较强，重庆雨量充沛，年均降雨 1057 毫米 ~ 1243 毫米，传统脆李的成熟期主要集中在 6 月中旬至 7 月上旬的梅雨季节，无须灌溉，反而是需要及时排水除涝。

但是，随着晚熟脆李新品种育成和较高海拔种植脆李，果实的成熟期延迟到 7 月中旬至 9 月，时值重庆三峡库区传统的伏旱期，脆李要获得优质高产，在发生严重干旱时，就需要补水灌溉抗旱。更主要的是，果实是树体水源的储存库，在发生严重旱灾时，具有缓冲作用，平衡和调节树体水分供应。伏旱期采果后，脆李会快速失去树体水库，如果叠加严重伏旱，会出现树体生理调节的紊乱，削弱树势，影响翌年产量，所以，果实采摘后遭遇连晴高温伏旱，就需要及时灌溉 1 次，快速恢复树势，为翌年高产稳产打好基础。

二十九、为何要推广脆李穴灌非充分灌溉技术?

(一)非充分灌溉

非充分灌溉就是通过匮缺灌溉，用最小的灌水量让植物维持基本的生理需要，等待降雨解除旱情，达到少灌水、少落叶、不死树、不减产的补充灌溉方式，是适用于雨量充沛的我国南方地区伏旱和春旱期的补水灌溉。特点是水分使用效率高、抗旱成本低，李树生长发育、果实产量和品质基本不受影响。

(二)技术原理

植物根系吸收水分的效率很高，即使没有根系，如花瓶的插花，也可以吸收足够的水分，保证基本的生命活动需要。非充分灌溉就是人为制造部分根区干旱逆境，产生水分匮缺逆境生理响应，诱导产生干旱、缺水信号，限制叶片奢侈性蒸腾耗水；另一小部分根区将灌水通过灌溉穴下渗，使这部分根系活动层的土壤有充足的水分，保证根系能够正常吸收水分，而其他根区保持缺水干旱，控制新梢生长和叶片过度蒸腾耗水，实现生理节水和灌溉节水的双重节水目的。

（三）技术方法

脆李部分根区穴灌非充分灌溉抗旱技术，即在树冠滴水线附近开挖相邻的两个 30 厘米 × 30 厘米 × 30 厘米的穴，小树 1 个灌溉穴，将有限的水资源全部集中灌溉到部分根系的活动层，并用稻草等秸秆覆盖灌溉穴，形成根系活动区域土壤有效持水的相对富集区，利用根系的趋水性和吸水功能强的特性，保证脆李基本需水要求。

（四）技术效果

试验证实，果园漫灌达到抗旱效果，灌水深

度需 40 厘米以上，每次耗水量超过 60 吨/亩，同时，还会出现严重的地表蒸发耗水损失和叶片的奢侈性蒸腾耗水损失。常规穴灌抗旱技术需沿树冠开挖灌溉穴 8 个 ~ 12 个，高温干旱期间，也会出现植物奢侈性蒸腾耗水，增大了用水量和灌溉成本，因灌水充沛，解除了植物缺水信号，新梢正常抽发，新梢、新叶失水较快，与老叶、果实争水，削弱了果树自身抗旱能力。

部分根区穴灌为主的非充分灌溉抗旱技术，亩次需水量仅 2 吨（亩栽 40 株），水分通过灌溉穴缓慢下渗至根系活动层，方便吸收，加以覆盖保墒，高温干旱期间，地表蒸发耗水和植物奢侈性蒸腾耗水均较小，节水抗旱效果显著。

穴灌非充分灌溉也是控制脆李流胶病的有效措施之一。

三十、脆李流胶病是如何形成的？

（一）脆李流胶病

流胶病是李树重要的主干和枝干病害，一旦患上此病就开始流胶，导致树势衰弱，产量降低，严重的会引起枝梢或树体死亡。流胶病也可为害果实，果实受害时胶体渗出果面或果实内部流胶形成空腔，品质变劣，难以食用。

（二）发病症状

根据李树流胶病发病原因，可分为生理性流胶和侵染性流胶两种。

1. 生理性流胶病

生理性流胶病主要为害主干和主枝，表现为雨季发病重，大龄树发病重，幼龄树发病轻，雨后树胶与空气接触变成茶褐色硬质琥珀状胶块，被腐生菌侵染后，病部变褐腐烂，致使树势越来越弱，严重者造成死树。

2. 侵染性流胶病

侵染性流胶病是一种病菌性为害，主要为害枝干和嫩梢，病菌侵染当年生枝条，多从伤口和侧芽处入侵，出现以皮孔为中心的瘤状突起，当年不流胶，具有潜伏侵染特征，次年瘤皮开裂溢出胶液，发病后期病部表面生出大量梭形或圆形的小黑点，1 年有 2 次高峰期，5 月上旬至 6 月上旬 1 次，8 月下旬至 9 月上旬 1 次，这是与生理性流胶病的最大区别。

（三）发病原因

李树具有流胶的习性，生长季一旦发生组织创伤，就会出现流胶，所以，造成脆李流胶的直接原因是树体的枝干和果实的创伤口，流胶其实也就是树体枝干和果实出现创伤的表现。造成树体枝干和果实创伤的因素很多，主要有三类：

一类是外力导致。如机械损伤、日灼、修剪过重、药害损伤等造成的伤口。在脆李生长季整形修剪形成的创伤口，容易诱发流胶病。

二类是营养失衡导致。一些会导致植物组织产生创伤口的靶向营养失衡，会产生创伤口。据重庆市农技总站监测发现，脆李锰、铜、硼营养失衡时，易发生流胶病。

锰过量症：会导致枝干皮层创伤口，造成流胶，往往在树体载果量增大，果实富集和消纳锰元素增加时，锰过量症缓解、流胶病减轻，禁施用代森锰锌等含锰杀菌药剂。

铜缺乏症：导致枝干皮层创伤口和果实开裂，会造成枝干和果实流胶，往往在树体载果量增大和遭遇连阴雨时症状加重，在喷施 0.08% 硫酸铜 1 次或含铜药剂后缓解。

硼缺乏症：导致脆李须根坏死和果实内腔形成创伤口，会造成须根和果实内腔流胶，往往在树体载果量增大和遭遇严重干旱症状加重，在喷施 0.2% 硼砂后缓解。

三类是病虫害导致。真菌和细菌侵染以及天牛、吉丁虫等枝干病虫害导致的伤口流胶。

三十一、怎样预防和控制脆李流胶病?

针对脆李流胶病发病的形成原因，重点从合理修剪、注意排水、增施有机肥、平衡施肥、及时防控病虫害等方面进行防控。

（一）冬季清园

脆李生长季修剪形成的伤口易导致流胶，所以，冬季清园重点是整形修剪，时间在12月脆李叶片完全脱落，进入冬季休眠期后至翌年2月中旬开花前树液尚未开始流动时进行，可避免流胶病偏重发生。推广树干涂白，防止树干病虫为害，慎在生长季修剪，可防止病虫害和人为因素导致的流胶发生。

（二）强化排水除涝

脆李忌涨水，要强化排水，特别是连阴雨期

间的排水，要及时清园、松土，挖通排水沟，防止土壤积水。降低田间地下水位，要求田间排水沟深度为 80 厘米以上，缓坡地果园，包括水稻土建设的脆李园，应采用起垄栽培，坡地果园采用定植穴起垄聚土栽培，聚土高度为 50 厘米左右，这样可大幅减轻连阴雨涨水导致的脆李流胶、采前落果和裂果。

（三）补充微量元素

应根据脆李营养诊断指标，判明树体营养失衡元素，有针对性地进行控丰补缺。一般巫山脆李产区主要存在锰过量和硼缺乏，开州、万州等区域有的还存在缺铜症。应禁用代森锰锌类含锰杀菌制剂，全年叶面喷施 0.2% 硼砂 1 次 ~ 2 次；落果、裂果严重的缺锌缺铜果园，应叶面喷施 0.2% 硫酸锌和 0.08% 硫酸铜；落果严重的缺钾果园还应补充硫酸钾或硫酸钾镁。

（四）及时防控病虫害

主要是防控天牛、吉丁虫等树干病虫害，控制创伤口形成。及时处理伤口，早春萌芽开花前，将流胶部位病组织刮除，伤口涂抹波美浓度为5度的石硫合剂或波尔多液，然后涂白铅油或松尔膜保护。生长季可喷施不含锰元素的杀菌剂，宜每10天～15天喷一次药，对主干、大枝要重点喷施；监测发现缺铜的脆李园，应每年补一次0.08%的硫酸铜或冬季用波尔多液清园。

（五）加强果园管理

增施腐熟农家肥，酸性土壤应结合施有机肥，每株穴施过磷酸钙约500克。伏旱季要注意防控日灼，及时在流胶部位刮除病斑，涂波美浓度为5度的石硫合剂或波尔多液进行保护。

三十二、脆李检疫性病害有哪些?

根据《中华人民共和国进境植物检疫性有害生物名录》的规定，脆李一类危险性病害的检疫性病害主要有根癌病和梨火疫病。

（一）根癌病

根癌病也称“冠瘿病”，是果树上常见的一种病害，以苗圃发生最多，主要为害苹果、梨、桃、李等多种果树。该病是果树遭受根癌土壤杆菌侵染在根部形成的肿瘤，肿瘤形成初期为灰白色瘤状物，内部组织松软，表面粗糙不平，瘤体增大后，表面成褐色，表皮细胞死亡，内部组织木栓化，表面粗糙、龟裂，甚至溃烂，患病树长势衰弱，产量降低，严重的发生死树。

（二）梨火疫病

梨火疫病是北美、欧洲、日本梨树上极易

传染和具有毁灭性的细菌性病害，我国禁止进境的危险性病害之一，目前尚未发生。梨火疫病最典型的症状是花、果实和叶片受火疫病菌侵害后，很快变黑褐色枯萎，犹如火烧一般，但仍挂在树上不落，故此得名，主要为害梨，也可为害李、苹果、桃、杏等蔷薇科 37 属 140 余种植物。

三十三、如何防治脆李根癌病？

根癌病为害李、梨、桃、葡萄等 93 科 331 个属 643 个种的植物，受害李树生长缓慢，树势衰弱，结果年限缩短。

（一）发病症状

发病症状与“三十二（一）”相同。

（二）发病规律

根癌病病菌主要在病瘤组织内越冬，或在病

瘤破裂、脱落时进入土中，在土壤中可存活 1 年以上。细菌主要通过嫁接口，机械伤口侵入，也可通过气孔侵入，雨水、灌水、地下害虫、线虫等是田间传染的主要媒介，远距离传播主要靠苗木带菌。细菌侵入后，刺激周围细胞加速分裂，导致形成病瘤，该病潜伏期为几周到 1 年以上，每年的 5 月至 8 月发病率最高。

（三）防治方法

一是采用无病苗木，选无根癌病的地块育苗，并严禁从患病园采集接穗用于繁殖，在种苗刚定植时发现病苗应立即拔除，并清除残根集中烧毁，用 1% 硫酸铜溶液消毒土壤。

二是苗木消毒用 1% 硫酸铜溶液浸泡 1 分钟，或用 3% 次氯酸钠溶液浸根 3 分钟。

三是用抗根癌菌剂 K84 沾根预防。

三十四、脆李有机肥替代化肥有几种模式?

巫山脆李有机肥替代化肥有四种模式:

(一)成品有机肥还田

成品有机肥主要是养殖粪便和秸秆、橘渣等农业废弃物腐熟发酵生产的有机肥或有机无机复合(混)肥料。其优点是使用便捷,缺点是总体成本偏高。

1. 商品化有机肥

市场上销售的品牌有机肥,按国家标准,氮、磷、钾总有效成分含量≥5%,按有效含量计算,使用有机肥的用量是有机无机复合(混)肥料的 4 倍,约 600 公斤/亩,且不能实现平衡营养,重庆地区还易出现缺钾、缺锌等症,有机肥按每公斤 1.2 元计算,较施用专用有机无机复合(混)肥(10:4:8)亩增成本 420 元,加上硫酸钾,合计

成本增加500元/亩。

2. 堆肥化有机肥

堆肥化有机肥是将畜禽粪便、作物秸秆、加工废弃物如橘渣等的2种或2种以上物料按一定配方混合好，就地就近堆成条垛或堆垛，进行好氧或厌氧发酵，产生生物热能，抑制或杀死病菌、虫卵等有害生物，腐熟干燥有机物。生产的有机肥就近还田，可降低有机肥制备和使用成本。

（二）秸秆（果枝）还田

秸秆（果枝）还田主要利用作物、秸秆等农业废弃物，或果树整形修剪的废弃枝条，就地粉碎还田，用作树盘株间覆盖物，用以抑制杂草、保墒和提高土壤有机质。

（三）农用沼液还田

农用沼液还田主要以畜禽粪污、农作物秸秆等有机废弃物为原料，利用厌氧发酵工程处理产生的农用沼液对农作物进行施肥和灌水。沼液的质量应符合《农用沼液》标准的要求，未达标不得用于农业生产，向环境排放的沼液应符合《畜禽养殖业污染物排放标准》（GB 18596）的规定。

（四）生草栽培培肥

生草栽培培肥是利用果树株行间空闲土地，选留适宜的原生杂草或种植多年生白三叶草、黑麦草等低矮牧草，完全覆盖土地，增加土壤有机质，抑制恶性杂草，生产草饲料和替代化肥。采用生草栽培管理的果园，应禁用草甘膦等除草剂。

三十五、什么是脆李生草栽培？

脆李生草栽培是指一种通过人的主动行为，在脆李果园株行间选留低矮原生杂草，或种植白三叶、红三叶、紫花苜蓿等绿肥作物，综合利用果园温度、光照、雨水资源以及行间空闲土地，培植优势牧草或低矮草本绿肥作物，防控水土流失，增加土壤有机质，抑制恶性杂草虐生，使草类与李树协调共生的栽培管理模式。

果园生草栽培技术在欧美、日本等国已实施多年，在我国陕西、山东的苹果园，以及我市开州的晚熟杂柑、奉节的脐橙、万州的血橙果园，以白三叶草为主试验示范人工生草栽培，据测算，每年可因此提高土壤有机质 0.2% 左右，伏旱季降低田间表层温度 10℃ ~ 15℃，减少水土流失 70% 以上，对改善土壤通透性、改良土壤有显著效果，每年亩固氮约 13 公斤，支撑化肥减量。

三十六、为什么要推广果园生草栽培?

重庆地处我国南方地区，作物生长季光热同步，适宜多种植物生长，但也出现了严重的杂草虐生问题，果农用锄头等农具疏松表土，铲除杂草，成为果园经常进行的耕作管理措施。近年，随着农村劳动力转移、劳力成本增加，人工铲除杂草成本高，资源浪费大，已经难以为继。化学农药除草效率高，已成为果园控草的重要措施，但是，由于农产品质量安全和农药减量政策的约束，急需寻找一种省力、省工、成本低、对环境安全友好的果园控草方法。

脆李生草栽培，较好地利用了果园空闲土地资源，推广的多年生低矮草本绿肥，不仅增加了土壤有机质和养分，同时依靠优势牧草群落，抑制杂草生长，降低除草成本，改良土壤，防止流失，还可改善果园地表小气候，减少冬夏地表温度变化幅度，实现有机肥部分替代化肥。

三十七、什么叫冬季清园?

冬季清园是指在脆李休眠期对李园进行清洁，杀灭和减少残存在树体内的病虫源，降低生长季节出现的红点病、炭疽病、穿孔病、褐腐病以及蚧壳虫、食心虫、蚜虫、螨类等的越冬病虫原，从而给果园一个干净清洁的环境，能有效减少来年病虫害发生。

三十八、如何进行冬季清园?

（一）整形修剪

剪除病虫枝，清除园内杂草、落叶、僵果及枯枝。对果枝粉碎物覆盖区域在内的脆李全树、全园喷施一次波美4度~5度石硫合剂。

（二）树干涂白

先用刀片刮除树干老翘皮，用涂白剂或者松尔膜刷树干，可杀死越冬李小食心虫、李实蜂幼虫，抑制流胶病，防止天牛、吉丁虫产卵和孵化。

（三）果园翻耕

无论早春还是冬季翻耕，均可收到松土和除虫效果。对在土中越冬的李小食心虫、李实蜂类的茧，采用翻耕破坏其越冬场所，可减轻为害。

三十九、巫山脆李病虫害防控为何首选生物物理技术？

巫山脆李病虫害防控，应遵循“预防为主，综合防治”原则。脆李病虫害种类繁多，除为害叶片的外，还会在地里为害，还有些害虫昼伏夜出为害树干、果实，常常被果农忽略。这些病虫害世代交替发生与巫山脆李集中成片种植交替，往往会导致病虫害的连坐发生；基地规模越大，主要靠人力防控的全园喷药管理周期越长，有的全园喷药一次，时间超过 7 天，容易错过最佳防控时期；一些果园防控，一些果园不防控，导致周边未防控果园虫害迁移为害；有的病虫情发生很轻，或局部发生，全园防控成本很高，但是，不及时加以控制，会随着其不断繁殖，扩散的范围也会不断增大，就会导致严重的病虫害发生。

病虫害预防采用生物物理防控技术，可在较长时间内控制病虫情的发生，保护脆李免遭经济

损失。如：太阳能杀虫灯，使用寿命长达3年~5年，每天自动诱杀目标害虫；悬挂黄板、蓝板粘杀害虫的有效期达3个月~4个月；树干涂白，可以防控天牛、吉丁虫等树干虫害，有效期1年~2年。

四十、脆李如何进行病虫害生物物理防控？

病虫害生物物理防控主要是太阳能杀虫灯、捕食螨、粘虫色板、诱杀罐、树干涂白等物化控虫技术和矿质农药防控等生理调控技术在脆李园全覆盖。

（一）太阳能杀虫灯

根据主要虫害类型，选择目标害虫敏感光源，按每40亩~50亩安装一盏的挂灯密度，高出树冠0.5米的挂灯高度，自动诱杀李小食心虫、桃蛀螟虫、毒蛾、卷叶蛾、夜蛾、金龟子、尺蠖等趋光性害虫。

（二）粘虫色板

在树冠中部外侧悬挂，考虑到同时防控粉虱、蚜虫、蓟马等，应混合悬挂黄板和蓝板，按 4 株挂一张板的最低悬挂密度，悬挂粘虫色板，附着的害虫达到一定量或悬挂时间超过 3 个月，黏性不足时及时更换。黄板主要防控粉虱、蚜虫；蓝板对蓟马、实蝇等害虫有较好的诱杀效果。

（三）捕食螨

可以控制红蜘蛛（叶螨）、山楂叶螨、蓟马等害虫。一般每株一袋捕食螨（巴氏新小绥螨），也可解开包装袋撒施到树冠上，三峡库区使用时间应在 3 月底温度回升以后，适应捕食螨生活时悬挂。采用捕食螨控虫的果园应采用生草栽培管理模式，严禁使用除草剂除草。

（四）粘（诱）虫带

在主干基部附近缠绕一圈粘虫带或诱虫带，防控山楂叶螨、蛞蝓（鼻涕虫）、蜗牛等有上下树习性的害虫。采用诱虫带，应在冬季取下烧毁杀灭躲藏在袋中的越冬害虫。防控蛞蝓、蜗牛等可分泌黏液的害虫时，应采用含多聚乙醛等触杀蜗牛药剂的粘虫带。在树干四周撒一圈新鲜草木灰，也可防止蜗牛、蛞蝓上树为害。

（五）树干涂白

这主要针对天牛、吉丁虫等树干害虫和栖息在树干、树皮褶皱中越冬的虫害防控，刷白高度为离地面 60 厘米 ~ 80 厘米或第一级分枝处。方法是：刮去树干翘皮，均匀刷上涂白剂。用专用涂白剂或自配石灰涂白剂；自配涂白剂应在调制石灰浆时添加食盐，可增加粘稠附着力，同时杀灭天牛等在树干产卵孵化的幼虫、树皮缝隙的吉丁虫，石灰和食盐还可以杀灭通过树干上下的蜗牛和蛞蝓。

石灰涂白剂可自己配制，配方比例和配制方法：生石灰10公斤+硫磺粉1公斤+生盐0.2公斤，加水30公斤～40公斤搅拌均匀，调成糊状而成。

（六）诱杀

采用糖、酒、醋诱杀罐和性诱剂等诱杀李小食心虫、李实蜂、小卷叶蛾、细蛾、叶蝉、夜蛾、卷叶蛾等害虫成虫。

（七）矿质农药防控

采用矿质农药防控，应根据脆李叶片营养检测数据，没有送样检测的果园，可参考周边监测果园的数据，结合土壤监测指标，按照控丰补缺、缺啥补啥的原则，遴选含有益营养元素矿质农药，如硫酸铜、硫酸锌、硫酸镁、硼砂等，或矿物质的混合制剂，如波尔多液、石硫合剂等，或含有益微量元素的农药，如代森锌、松脂酸铜等低毒低残留农药，防控病害、补微肥。

四十一、怎样自制糖醋诱杀液和诱虫器？

糖醋诱杀液配制：糖、白酒、醋、水和杀虫剂按 1∶1∶4∶16∶0.2 比例混合勾兑而成，用木棍搅拌均匀，分装到开口的敞口容器中，悬挂在果园树上。

矿泉水瓶诱虫器制作：用废弃矿泉水瓶或可乐瓶做容器，在瓶壁上开几个小洞，以便害虫进入，灌入 5 厘米左右的糖醋诱杀液，悬挂在脆李树上，每亩 3 个 ~ 5 个；在容器中放入 1 个 ~ 2 个脆李或部分烂苹果，诱杀效果更好。瓶子需挂于树冠外围的中上部无遮挡处，这样容易被远距离的虫子发现。

四十二、如何配制石硫合剂？

石硫合剂是用生石灰、硫磺加水熬制而成的

一种具有强力渗透腐蚀性，集杀菌、杀虫、杀螨为一体的矿物质农药，可防治多种农作物和果树的病虫害。石硫合剂一般现熬现用，常使用瓦锅或生铁锅，不能使用铜锅，否则会影响药效。

（一）配制比例

生石灰 1 公斤，硫磺粉 2 公斤，水 8 公斤 ~ 10 公斤。

（二）熬制方法

按配制比例准备好材料。硫磺粉要求用 200 目的筛子筛过，愈细愈好；生石灰要求成块、洁白、质好、杂质少。

将水加入锅中，水面距锅沿位置作个标记，以便煮沸时及时补充失去的水分。从锅中取少量水将硫磺粉拌成稠糊状再加入凉水锅中。

生火加热，将水烧热至 90℃。逐渐加入生石灰块，不断搅拌，使锅内温度上升至沸腾翻滚，逐渐放完全部生石灰。

大火熬开，并不断搅拌，熬制45分钟，其中前15分钟使用大火，后使用中火，散失的水分用热水及时补足，使石灰和硫磺充分化合反应，呈红褐的酱油色即可停火。

（三）存放要求

将冷却的石硫合剂原液舀出，放入瓷缸等容器中。石硫合剂一般现熬现用，若需长期存放需要隔绝空气，可倒入食用油并用塑料膜扎紧。存放容器不可用铁制品和木制品。

（四）使用方法

取出石硫合剂原液，用波美比重表测量原液的波美度。加水配药：加水量为原液的倍数=原液的波美度/需要使用药液的波美度-1。严格按照以上方法熬制的石硫合剂原液一般波美浓度25度～30度；在李树萌发前使用，波美浓度3度～5度。注意：石硫合剂为强腐蚀性农药，不可与金属长期接触，不可与其他农药混用。

四十三、如何配制波尔多液？

波尔多液是由硫酸铜、生石灰和水配制成的天蓝色胶状悬浊液的保护性杀菌剂。通过释放可溶性铜离子而抑制病原菌孢子萌发或菌丝生长。生产上常用的有：石灰等量式（硫酸铜：生石灰 = 1：1）、倍量式（硫酸铜：生石灰 = 1：2）、半量式（硫酸铜：生石灰 = 1：0.5）和多量式［硫酸铜：生石灰 = 1:（3～5）］，水一般为 200 倍。施用 0.5% 浓度的半量式波尔多液配制方法如下：

（一）配制比例

硫酸铜 1 公斤，生石灰 0.5 公斤，水 200 公斤。

（二）配制方法

按配制比例准备好材料。生石灰要求成块、洁白、质好、杂质少。将水平均分成两份：一份用于溶解硫酸铜，可先用少量热水将硫酸铜完全溶解后再加入剩余水中制成硫酸铜水溶液；另一份用于溶解生石灰。可先用少量热水浸泡生石灰让其吸水、充分反应，形成石灰泥，然后再将石灰泥用细箩过滤并加入到剩余的水中，制成石灰乳。两种药液制成后不必立即配制，可在容器内暂时封存，待喷药时现配现用。配药时把两种等量药液同时徐徐倒入喷雾器内或另一容器内，边倒药液边搅拌，搅匀后随即使用。

也可用 10%～20% 的水溶化生石灰，80%～90% 的水溶化硫酸铜，待其充分溶化后，将硫酸铜溶液缓慢倒入石灰乳中，边倒边搅拌使两液混合均匀即可，此法配成的波尔多液质量好，胶体性能强，不易沉淀。要注意切不可将石灰乳倒入硫酸铜溶液中，否则易发生沉淀，影响药效。

（三）注意事项

一是波尔多液需随配随用，不可放置时间太长，放置 24 小时后不宜使用。

二是不能用金属容器盛放波尔多液，喷雾器

用后，要及时清洗，以免腐蚀损坏。

三是阴天、有露水时喷药易产生药害，不宜喷药。

四是波尔多液配成后，可将磨光的刀口放在药液里浸泡 1 分钟 ~ 2 分钟取出，如刀口上有暗褐色铜离子，则需在药液中再加一些石灰水，否则易发生药害。

五是喷施石硫合剂、石油乳剂或松脂合剂的果树，需隔 20 天到 1 个月以后，才能使用波尔多液，否则会发生药害。

四十四、李子是如何进行花芽分化的?

（一）李子花芽分化

花芽分化是李子由营养生长向生殖生长转变的生理和形态的标志。花芽分化质量的好坏，直接关系李子单产和品质。花芽分化期从当年的 6 月至翌年春季开花前，但每年的 7 月至 8 月是李

子花芽分化的主要时期。花芽开始分化的时期因立地条件、品种和树龄而不同，温度较高、日照较长、降水较少、树龄较老的脆李可提前进行花芽分化。

李子的花芽属夏秋分化型，成花非常容易，李花在同一花芽内有 1 个 ~ 3 个生长点，分化出 1 个 ~ 3 个花蕾，营养条件好时都可以坐果。

（二）李子花芽分化与形成

李子花芽分化分生理分化期、形态分化期和性器官形成期。

1. 生理分化期

李子花芽的生理分化期很短，每年 6 月以后，李子当年生新梢生长速度明显放慢时，开始花芽的生理分化，时间一般在新梢顶芽形成前的 5 天 ~ 10 天。此时，芽中生长点内部组织由叶芽的生理状态和代谢方式转化为花芽的生理状态和代谢方式。在生理分化期，生长点处于不稳定状态，对内外因素有高度敏感性，极易改变芽体细胞的代谢方式。因此，生理分化期是控制花芽分化的关键时期。

2. 形态分化期

始于李子新梢顶芽形成时，此时，新梢大部分已停止生长，开始为形成花芽积累营养物质、激素调节物质、遗传物质等，叶芽生长点组织的物质代谢及生长点组织形态开始发生变化，逐渐可区分出花芽和叶芽。各种花器官逐渐形成，可看到花瓣、雌蕊、雄蕊等。正常年份，李子花芽的形态分化从 6 月下旬开始，遭遇低温连阴雨和寡日照可推迟。重庆地区 6 月至 7 月初是常年的梅雨季，巫山脆李的花芽分花多集中于 7 月至 8 月高温伏旱季，是重庆三峡库区全年日照和热量最高的季节，光热同步，十分有利于脆李的花芽分化。

3. 性器官形成期

从 9 月至翌春李子开花前，称为性器官形成期。李子花芽基本形成后，花器仍在继续发育，至翌春萌芽前后，雄蕊的花粉和雌蕊的胚囊形成后，才完成花芽分化。

一般情况下，枝梢的下部节位花芽比上部节位花芽分化快，顶芽形成后的封顶枝各节位的花芽分化程度最高。环境条件、栽培技术水平，都能影响花芽分化的时期和花芽分化的质量与数量。

（三）李子花芽分化需要低温

脆李是需冷量果树，自然情况下必须经过一定时间 7.2℃以下的低温，才能打破芽的冬季休眠，然后进入新的枝梢生长和开花结果。尽管脆李需冷量时间很短，但必须得到满足，否则不能正常完成自然休眠全过程，引起花芽生长发育障碍和花器官畸形或败育，导致翌春萌芽开花期花芽、叶芽萌发参差不齐，光开花不结果，甚至引起花蕾枯死脱落，造成减产。

四十五、如何促进巫山脆李的花芽分化？

（一）采用晚熟品种和高海拔调控趋利避害

针对重庆低海拔区域和早中熟脆李花芽分化期大多始于6月底，常年连阴雨、寡日照期的实际，主要通过发展中晚熟脆李新品种，种植区域调整至500米以上中高海拔区域，合理规避连阴雨、寡日照对脆李花芽分化的不利影响。同时，生产基地适度向高海拔区域调整，更有利于满足脆李需冷量要求，高质量通过冬季休眠，还可规避暖冬对低海拔地区脆李花芽分化的不利影响，提高花芽分化质量。

（二）合理树冠结构

针对脆李花芽分化需要强日照、高温度的气候环境要求，重点要求培养通风透光树冠，满足满树花、满树果的高产果园需求，具体方法参考脆李整形修剪一节。

（三）均衡营养

应用李子营养诊断配方施肥技术，对花芽分化形成过程所需的氮、磷、钾、镁、锌、硼、铜等矿质元素进行重点监测。

对监测发现的常年易缺乏矿质元素钾、镁、锌、硼、铜等，用 0.2% 硫酸钾镁、0.2% 硫酸锌、0.2% 硼砂进行保护性喷施 1 次 ~ 2 次，进行必要的补充，发生严重流胶的，还应排查铜元素，如发生缺铜应喷施 1 次 0.08% 的硫酸铜。

注重氮、锰、氯等营养元素过剩对脆李花芽分化和品质的损害，强化排水，利用自然降雨洗氯除盐；针对重庆地区脆李叶片锰含量超标过剩的问题，要注意控锰，应禁用大生等代森锰锌类含锰制剂，防控锰过量导致的损伤；要适当控氮肥，避免营养旺长抑制花芽分化。

（四）针对性栽培管理

在栽培技术上，凡有利于枝条充实和营养积累的各种措施都能促进花芽的分化，如幼年树适当控氮肥，成年树采后及时灌水、追施采后肥，拉枝、扭枝，叶面喷施矮壮素或多效唑等，都是促进分化的有效措施。

四十六、怎样进行脆李高接换种？

脆李高接换种，是在原有脆李树的枝干上嫁接新的优良品种的接穗，进行脆李品种更新和熟期结构调整的技术方法。技术要点如下：

（一）选择良种无病接穗

高接换种的基础是确保良种接穗来源清楚，不带检疫性病虫害和病毒病，应来自县级以上农业技术部门认（指）定的良种采穗园（圃），品种纯正。跨省（市）和跨县（区）采购脆李枝条、接穗，每批次采购时，都必须函请当地植保部门现场检疫，并出具《植物检疫证书》和质量保证书。不得从果树根癌病疫区调运枝条、接穗。

（二）换接园选择

李子是重庆市第二大果树，栽培面积已经超过脐橙，成为最大单一品种果树，特别是巫山脆李，品种优、品质好、品牌响，市场销路不愁，近年发展迅速。但是，部分区县的果农和企业不按布局规划要求，在脆李非适宜区种植，如500米以下低海拔地区种植的早中熟脆李，成熟期长期遭遇连阴雨为害，果实含水高、可溶性固形物含量低、品质差、易腐烂、不耐贮运，经济效益低；个别区县苗木调运混乱，发展品种不适宜重庆地区栽培，如布朗李等；以及其他需要通过高接换种进行品种结构和熟期结构调整的果园，应通过高接换种，发展适销对路的优质产品，调优品种结构，拉长果品上市供应期，促进销售，提高产业整体经济效益。

（三）嫁接时间

以秋季嫁接为主，春季补接为辅。秋季高换，可嫁接时间长，不影响当年产量，第二年春下桩后，新梢抽发整齐，同时，嫁接后未成活的枝干可及时补接，效果较好。春季换接，主要在接芽萌动前，嫁接后，创面愈合快，新梢抽发快，但最佳嫁接时间短，新梢抽发不整齐，若嫁接接芽死亡率偏高，可补接时间较短，易导致形成干桩，接芽偏少的高换树可能因此造成植株死亡。

（四）嫁接方法

实行低位、多头、分层、错位换接。重点是根据树冠的大小确定接芽数量，一般幼树换接 3 个 ~ 6 个芽，树冠冠径在 1 米 ~ 2 米的换接 6 个 ~ 10 个芽，2 米 ~ 3 米的换接 10 个 ~ 15 个芽，3 米以上换接 15 个芽以上。分层和接芽角度，一般第一层分枝在距地面 0.6 米 ~ 0.8 米，树冠较大的成年树，应在第一层上方，0.2 米左右处加接一层。

（五）接后管理

接芽萌发后，要及时挑破薄膜、下桩，下桩时要施一次稀薄的农家肥，施肥时在树冠1/2～2/3处开挖深40厘米、宽30厘米的施肥槽，同时剪断部分侧根，减轻因养分不足造成的须根死亡。下桩前要进行一次补接，对于切口较大的树，在切口部附近要保证足够的接芽数量，防止愈合不全形成的干桩和木腐，导致2年～4年后的枝干枯死。接后要及时除萌，保证换种纯度，及时绑缚防止大风吹断新枝。树冠初步形成时增施磷钾肥，进行拉枝整形、环割，促进花芽分化，提早结果。要及时防治病虫害，促进树冠早日形成。

四十七、哪些因子影响脆李高接换种接芽成活率？

脆李高接换种成活率受温度、湿度、高接技术以及树龄、树势、降雨等多种因子影响，一般春节后，气温开始回升，接穗尚未萌芽时或夏秋季的 8 月至 9 月的晴天，适合高接换种。

（一）温度

气温 13℃以上的气温有利砧穗接合部形成层细胞分裂活动，低于 10℃时不宜高接，超过 34℃，高接成活率也很低。高温干燥或遇大风，水分蒸发加剧，也不利接芽和高换树的成活。

（二）湿度

高接时保持接合部湿度 80% 为宜，以利嫁接口生产薄壁细胞。湿度过大，易引起嫁接部的霉烂。

（三）技术

高接技术熟练程度直接影响高接成活率。

（四）树势

树势强盛，高接成活率高；生长势弱，即使

高接成活，也会因树势弱出现树体早衰，故高接换种以 20 年生以内的树为宜。

四十八、怎样进行衰老脆李园的更新换植？

（一）确定更新换植方法

全园更新换植：主要针对病虫害严重的果园，特别是树干病害严重，已经出现衰败的果园；品种老旧，且树龄在 20 年以上，不能通过高接换种更新，也很难通过栽培管理得到改善的衰老果园，可选用全园更新换植。全园更新换植的果园，应按照新建标准园的要求进行土壤改良和配套基础设施建设。

部分更新换植：对品种适应市场需求，但部分树体遭病虫为害需要淘汰，或出现死树缺窝，可以进行部分换植、补栽。部分更新果园的新栽树，应按照定植穴聚土起垄栽培技术进行土壤改良和苗木定植。

（二）换植品种选择

采用全园更新换植的果园，品种可根据推荐的脆李发展品种，结合当地种植习惯、目标市场需求，选定换植品种。采用部分换植的果园，换植、补栽的品种应与原品种一致。在品种换植时应按比例配置授粉树。

（三）换植后的管理

果园更新换植后，应按照幼龄果园管理要求，加强田间幼树管理，使其树冠尽快达到丰产树冠，尽早投产。

四十九、脆李采收后为什么要及时预贮预冷？

脆李属于呼吸跃变型水果，即果实有呼吸高峰的水果，就是说脆李果实的呼吸作用有一个明显的呼吸高峰，在成熟期脆李的呼吸强度会快速上升至最大值，随后，在较短的时间里迅速下降。脆李在采摘及贮运过程中，以呼吸为主要特征的生命活动并没有停止，成熟度越高，呼吸高峰到来越快，果实的耐藏性越差。果实处在呼吸跃变期风味最好，随后硬度明显下降，果肉变软、变坏。呼吸跃变型水果即使不采摘，留在树上仍然会发生呼吸跃变。所以，脆李成熟后，必须及时采摘，需要远距离运输或者贮藏的，应适度提早采摘。

果实的呼吸作用，实际是在酶的作用下发生的氧化还原反应，将细胞中的糖分等贮藏营养分解为水和二氧化碳，释放能量，维持果实的基本生命活动的过程。脆李采摘后，果实存在两个热量：一个是田间热，就是7月至8月伏旱期，果实在树上平均28℃～40℃的高温携带的田间热；另一个是呼吸热，即果实呼吸作用分解糖分，释放的热量。脆李采后，果实堆积在一起，两种热量形成叠加，会加快促进果实呼吸高峰的到来，导致在较短的时间里果实品质迅速下降，失去商品性能，变软、变坏甚至腐败。

脆李采摘后，依靠自然条件，很难克服果园高温伏旱期环境温度高产生的田间热和采后果实自身生命活动旺盛产生的呼吸热，这两个热源的叠加为害，所以，必须及时进行预贮预冷，迅速降低田间热，控制果实呼吸强度，减少呼吸热，可显著延长脆李果实货架期。

五十、如何进行脆李的预贮预冷？

（一）要明确目的

脆李预贮预冷的目的是增加果实的耐贮性，减少贮运过程中的损耗，保证果实上架后的新鲜程度，缓解产销贮运压力。

（二）要适时采收

根据贮运距离、货架周期不同制定采摘贮运

方案。需要较长时间贮运的脆李，成熟度在 8 成时可进行采收，需要现采鲜食的，成熟度可以 9 成以上进行采收，确保到消费者手里时品质最佳。现采鲜食的果实可根据实际情况放置于空调房或冰箱中贮存。

（三）要努力做到原产地预冷、原产地/集散地气调冷藏保鲜

据重庆市农技总站、西南大学、巫山县果业局和巫溪县经作站的多组试验表明，通过预贮预冷，可以较长时间保证果实品质和新鲜度。脆李采后立即预贮预冷，最佳贮藏温度为 0℃～2℃，果实硬度可保持 20 天～30 天，果粉保持完好。试验证明，气调冷藏库较机械冷库效果更佳。

（四）要冷链运输

脆李产销期正是伏旱季，室外温度通常在 28℃～41℃，采用常规运输方式，会快速形成呼吸高峰，导致果实短时间内变软、变坏和腐败，造

成大量的腐损浪费，必须全程冷链贮运。

没有冷链贮运条件的果园，也需要在装箱时，向包装容器内放入冰袋、冰瓶后运输，抑制呼吸高峰提早到来。简易冰瓶制作：用废弃的矿泉水瓶子，灌入洁净的井水或自来水至容积的3/4处，不能灌满，避免结冰后涨瓶，盖紧放入冰箱或冷藏箱结冰后待用。